新光传媒◎编译

Eaglemoss出版公司◎出品

FIND OUT MORE

化学变变变

石油工業出版社

图书在版编目（CIP）数据

化学变变变 / 新光传媒编译. -- 北京：石油工业出版社，2020.3

（发现之旅. 科学篇）

ISBN 978-7-5183-3155-0

Ⅰ. ①化… Ⅱ. ①新… Ⅲ. ①化学—普及读物 Ⅳ. ①06-49

中国版本图书馆CIP数据核字（2019）第035322号

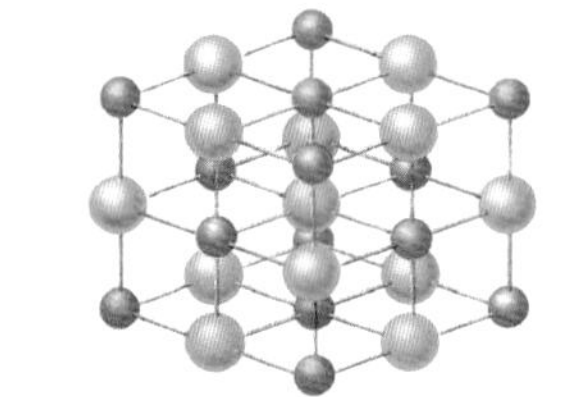

发现之旅：化学变变变（科学篇）

新光传媒　编译

出版发行：石油工业出版社

（北京安定门外安华里2区1号楼　100011）

网　　址：www.petropub.com

编 辑 部：（010）64523783

图书营销中心：（010）64523633

经　　销：全国新华书店

印　　刷：北京中石油彩色印刷有限责任公司

2020年3月第1版　2020年3月第1次印刷

889×1194毫米　开本：1/16　印张：6.25

字　　数：70千字

定　　价：32.80元

（如出现印装质量问题，我社图书营销中心负责调换）

编辑说明

“发现之旅”系列图书是我社从英国 Eaglemoss（艺格莫斯）出版公司引进的一套风靡全球的家庭趣味图解百科读物，由新光传媒编译。这套图书图片丰富、文字简洁、设计独特，适合 8 ~ 14 岁读者阅读，也适合家庭亲子阅读和分享。

英国 Eaglemoss 出版公司是全球非常重要的分辑读物出版公司之一。目前，它在全球 35 个国家和地区出版、发行分辑读物。新光传媒作为中国出版市场积极的探索者和实践者，通过十余年的努力，成为“分辑读物”这一特殊出版门类在中国非常早、非常成功的实践者，并与全球非常强势的分辑读物出版公司 DeAgostini（迪亚哥）、Hachette（阿谢特）、Eaglemoss 等形成战略合作，在分辑读物的引进和转化、数字媒体的编辑和制作、出版衍生品的集成和销售等方面，进行了大量的摸索和创新。

《发现之旅》（*FIND OUT MORE*）分辑读物以“牛津少年儿童百科”为基准，增加大量的图片和趣味知识，是欧美孩子必选科普书，每 5 年更新一次，内含近 10000 幅图片，欧美销售 30 年。

“发现之旅”系列图书是新光传媒对 Eaglemoss 最重要的分辑读物 *FIND OUT MORE* 进行分类整理、重新编排体例形成的一套青少年百科读物，涉及科学技术、应用等的历史更迭等诸多内容。全书约 450 万字，超过 5000 页，以历史篇、文学・艺术篇、人文・地理篇、现代技术篇、动植物篇、科学篇、人体篇等七大板块，向读者展示了丰富多彩的自然、社会、艺术世界，同时介绍了大量贴近现实生活的科普知识。

发现之旅（历史篇）： 共 8 册，包括《发现之旅：世界古代简史》《发现之旅：世界中世纪简史》《发现之旅：世界近代简史》《发现之旅：世界现代简史》《发现之旅：世界科技简史》《发现之旅：中国古代经济与文化发展简史》《发现之旅：中国古代科技与建筑简史》《发现之旅：中国简史》，主要介绍从古至今那些令人着迷的人物和事件。

发现之旅（文学·艺术篇）：共5册，包括《发现之旅：电影与表演艺术》《发现之旅：音乐与舞蹈》《发现之旅：风俗与文物》《发现之旅：艺术》《发现之旅：语言与文学》，主要介绍全世界多种多样的文学、美术、音乐、影视、戏剧等艺术作品及其历史等，为读者提供了了解多种文化的机会。

发现之旅（人文·地理篇）：共7册，包括《发现之旅：西欧和南欧》《发现之旅：北欧、东欧和中欧》《发现之旅：北美洲与南极洲》《发现之旅：南美洲与大洋洲》《发现之旅：东亚和东南亚》《发现之旅：南亚、中亚和西亚》《发现之旅：非洲》，通过地图、照片和事实档案等，逐一介绍各个国家和地区，让读者了解它们的地理位置、风土人情、文化特色等。

发现之旅（现代技术篇）：共4册，包括《发现之旅：电子设备与建筑工程》《发现之旅：复杂的机械》《发现之旅：交通工具》《发现之旅：军事装备与计算机》，主要解答关于现代技术的有趣问题，比如机械、建筑设备、计算机技术、军事技术等。

发现之旅（动植物篇）：共11册，包括《发现之旅：哺乳动物》《发现之旅：动物的多样性》《发现之旅：不同环境中的野生动植物》《发现之旅：动物的行为》《发现之旅：动物的身体》《发现之旅：植物的多样性》《发现之旅：生物的进化》等，主要介绍世界上各种各样的生物，告诉我们地球上不同物种的生存与繁殖特性等。

发现之旅（科学篇）：共6册，包括《发现之旅：地质与地理》《发现之旅：天文学》《发现之旅：化学变变变》《发现之旅：原料与材料》《发现之旅：物理的世界》《发现之旅：自然与环境》，主要介绍物理学、化学、地质学等的规律及应用。

发现之旅（人体篇）：共4册，包括《发现之旅：我们的健康》《发现之旅：人体的结构与功能》《发现之旅：体育与竞技》《发现之旅：休闲与运动》，主要介绍人的身体结构与功能、健康以及与人体有关的体育、竞技、休闲运动等。

“发现之旅”系列并不是一套工具书，而是孩子们的课外读物，其知识体系有很强的科学性和趣味性。孩子们可根据自己的兴趣选读某一类别，进行连续性阅读和扩展性阅读，伴随着孩子们日常生活中的兴趣点变化，很容易就能把整套书读完。

目录 CONTENTS

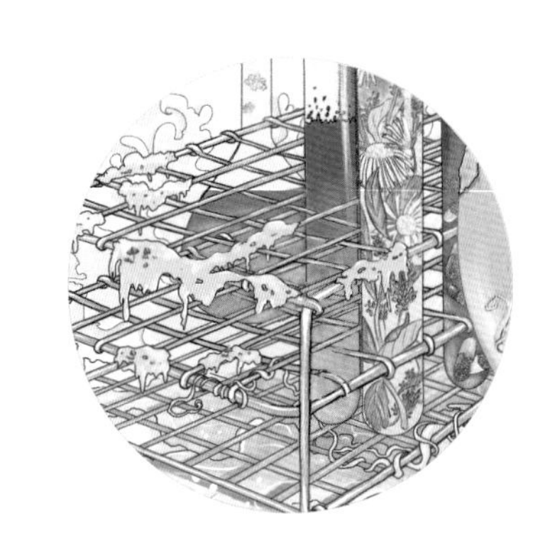

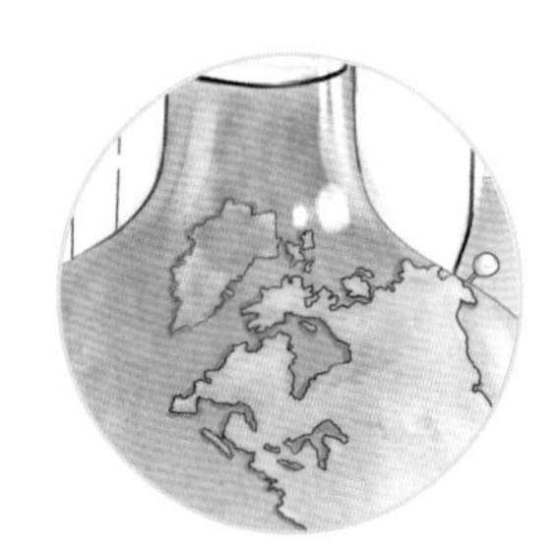

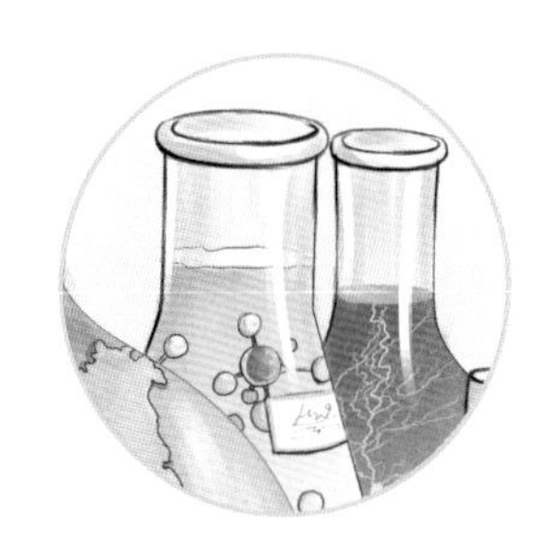

元素

宇宙中的所有物质都是由一种名叫原子的微小粒子构成的。其中大多数物质都是由不同的原子构成的。但是，自然界中大约有100种物质，包括金、银、铜，在它们的结构中都只有一种原子。具有相同核电荷数（质子数）的同一类原子叫作元素。

古代科学家们本能地认为，我们这个复杂的世界只是由几种基本的物质构成的。希腊人认为世间万物都是由土、空气、火、水这四种物质组成的，他们把这些物质称为元素。但这仅仅是理论，没有任何证据可以证明。

对元素的初步想法

直到17世纪，科学家们才重新思考“元素”这一概念。1661年，爱尔兰化学家罗伯特·波义耳出版了一本书——《怀疑的化学家》。在书中，他这样定义元素：元素是一种不能再被分解的物质，但是一种元素可以和其他元素结合形成化合物。虽然这个定义并不太正确，但却具有开创性的意义。直到现在，波义耳的工作还依然激励着人们不断寻找新的元素。因为早期的科学家们还无法用现代的技术方法分离物质，所以他们错误地把一些化合物也当作元素。但是随着技术进步，科学家们发现了许多真正的元素。例如在19世纪，英国化学家戴维利用电流分解复杂的物质，发现了镁、钠、钾、钙这几种元素。

新的发现

到1945年，科学家们发现了92种自然元素。他们用原子粒子轰击已经存在的重元素原子（如铀），制造出了多种新元素，其中两种也存在于自然界中。所以，要制造100多种新元素是一件可能的事情。但大多数人造元素都不能长时间存在，有的甚至不会超过1秒钟。因为它们的原子比较大，很容易分裂成更小的原子。

在我们现在已经知道的 112 种元素中，有 91 种是金属元素，21 种是非金属元素。几乎所有的元素都很罕见。地球中大约 99% 的物质都是由 8 种元素构成的，它们是氧、硅、铝、铁、钙、钠、镁、钾。氢是宇宙中最普通的元素。世界上存在的所有物质中，大约有 90% 都是由氢元素构成的。太阳系中大约有 70% 以上的物质也是由氢原子构成的。地球上最稀有的自然元素是非金属元素砹。在地壳中，砹的含量仅有 0.16 克。

▼ 世界上所有的物质都是由元素构成的，化学家们通过做实验，发现每一种元素的特性，以及它们的用途。

元素周期表*

元素周期表是按元素的“周期”和“族”的形式来排列的。在表中，元素的周期从左到右，一行是一个周期，共有 7 行。从 1 号元素氢（H）到 112 号元素鿔（Uub），元素所含的原子数量随着周期一个个地逐渐递增。表中一列元素是一族，共有 18 列。

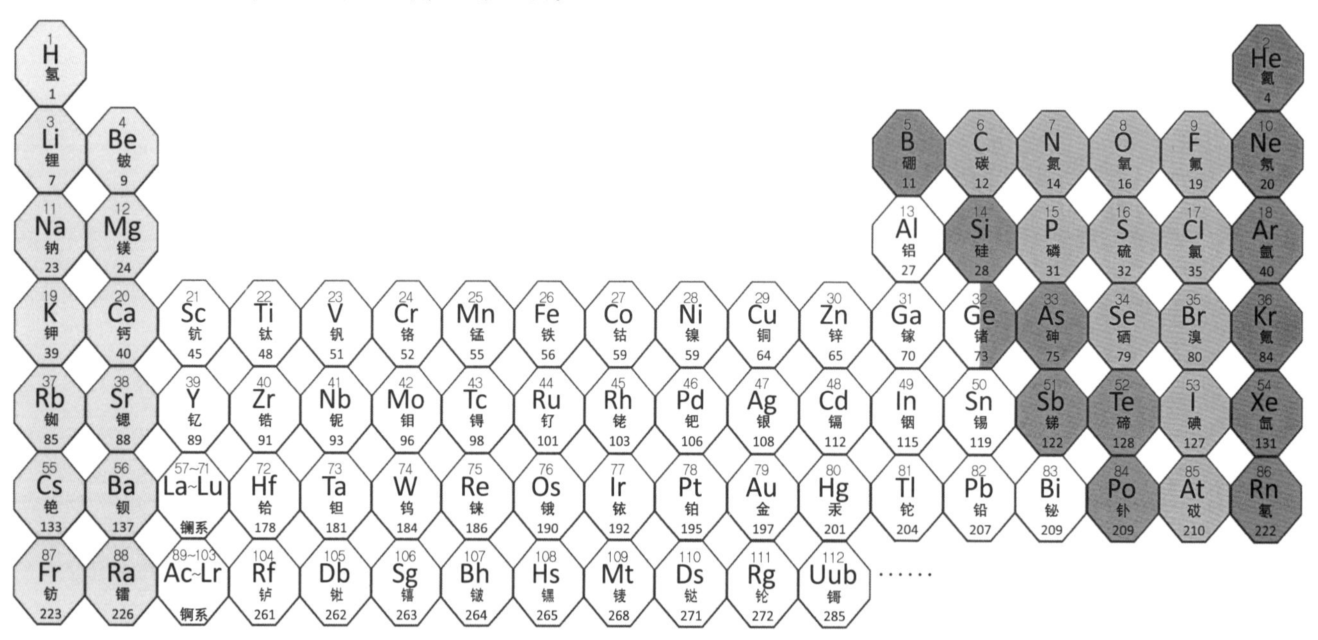

*2015 年 12 月 30 日，国际纯粹与应用化学联合会（IUPAC）宣布第 113、115、117、118 号元素存在。IUPAC 官方宣布，元素周期表已经加入 4 个新元素。本书仍用未加入 4 个新元素的元素周期表。

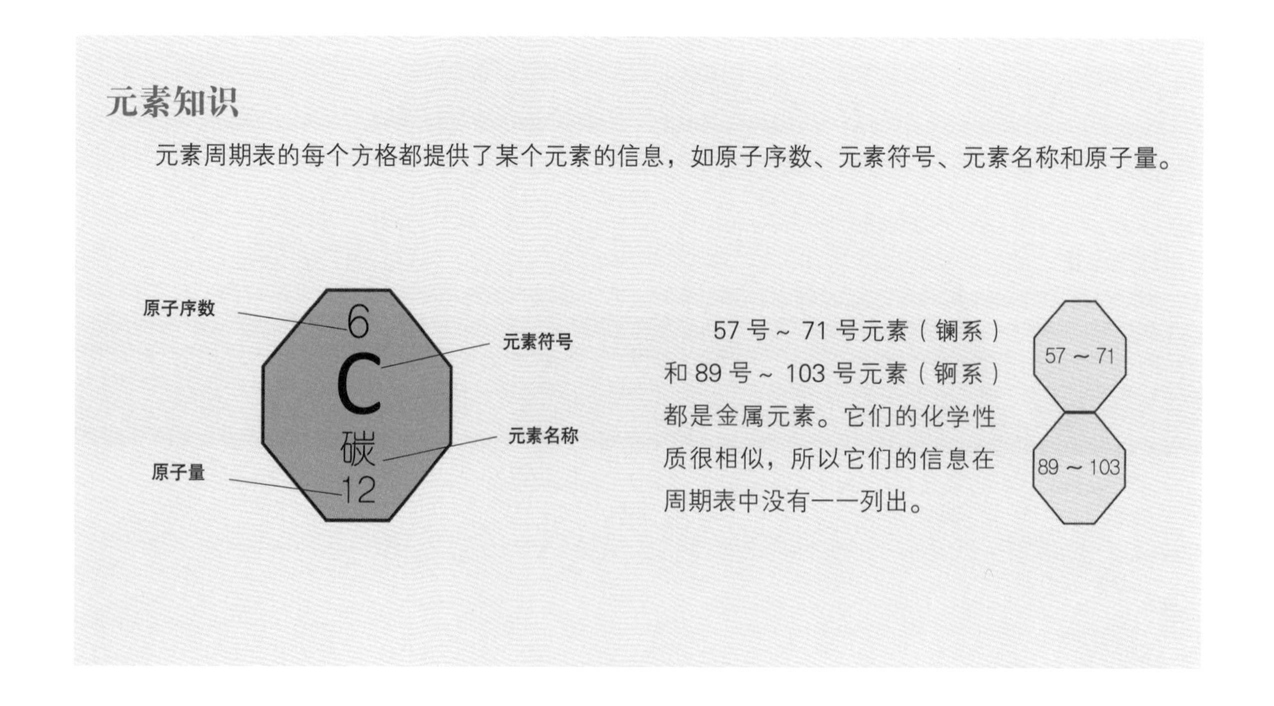

元素知识

元素周期表的每个方格都提供了某个元素的信息，如原子序数、元素符号、元素名称和原子量。

57 号 ~ 71 号元素（镧系）和 89 号 ~ 103 号元素（锕系）都是金属元素。它们的化学性质很相似，所以它们的信息在周期表中没有一一列出。

第二周期元素

科学家们并不仅仅对某一元素的纯化学性质感兴趣，他们还想更好地利用这些元素。在这里，我们以元素的第二周期为例，告诉你元素的多种用途。注意，在元素周期表中，随着原子序数（原子核中的质子数）的增加，电子数也随之增加。周期表中左边的元素是金属，右边的元素是气体，它们的用途也不一样。

用于一些电池和抗抑郁药物中。

用于手表的发条和 X 射线显像管。

加进玻璃和珐琅里，能提高耐热性能。

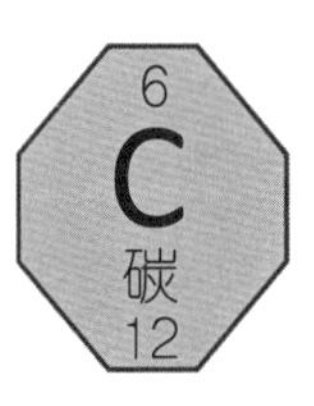

以石墨（铅笔中的“铅”）和金刚石形式存在。

食品包装袋中充入氮气，可以防止薯片被压碎。

用于火箭燃料和医院中的辅助呼吸。

掺入牙膏和水中，防止龋齿。

电学上利用氖及其他惰性气体来发光。

周期表中的色彩含意

在元素周期表中，用不同的颜色划分出了不同的区域，以显示它们之间的相关性。

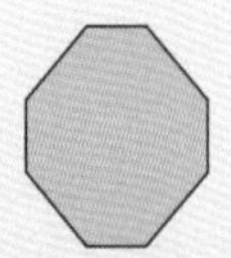

氢单独作为一个区，因为它是唯一的一个没有中子的元素。

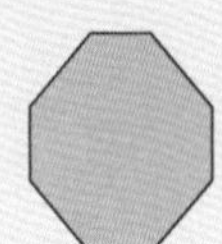

碱金属（第Ⅰ族）和碱土金属（第Ⅱ族）是比较软的金属，可以形成碱溶液。

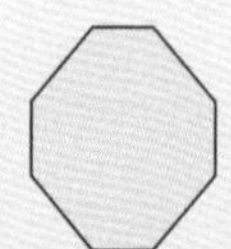

多数金属都很硬、坚固、有光泽，具有良好的导电性和导热性。

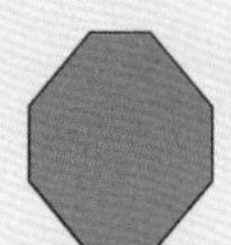

半金属元素，有金属和非金属的特性。其中一些有导电特性，一些为绝缘体。

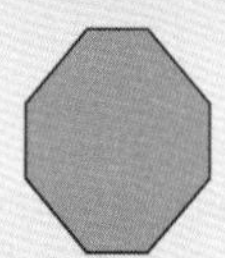

大多数非金属不能导热，也不能很好地导电，它们的熔点和沸点都比较低。

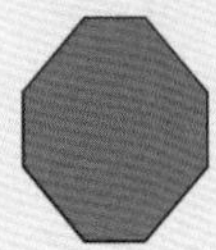

惰性气体在化学性质上很相近。它们都稳定，形成化合物的过程较缓慢。

大开眼界

热金属

在所有的元素中，钨（一种重金属）的熔点是最高的，高达3420℃。它能点亮灯泡，而不会被电流释放的热量熔化。所以，它被用来作为灯泡的灯丝。而且，它的沸点也是最高的，高达5860℃。

第Ⅰ族元素

除了氢，在第Ⅰ族中，所有元素都是金属。但是，它们的用途非常不同。注意，锂元素既在第Ⅰ族中，又在第二周期中。

作为太空火箭的液体燃料使用。有时也加入脂肪中，用来制造人造黄油。

用在一些电池和抗抑郁药中，还可以用来增加合金的硬度。

当电流通过钠蒸气时，夜晚路上的街灯便可以发出黄色的亮光。

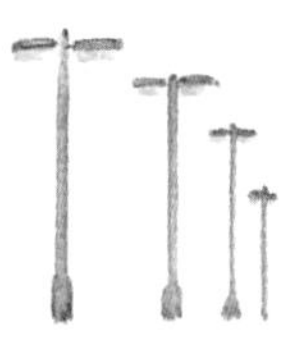

它是许多花土肥料中的一种成分，通常以硝酸钾的形式存在。

用来制作光电电池，它可以激活一些安全系统。

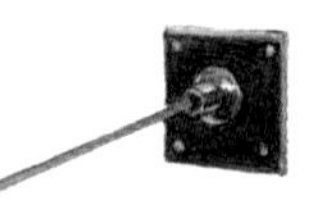

用在红外线灯和原子钟里。铯原子有规律地振动，能保证时间精确。

钫是一种稀有金属，因此除了在科学家们的实验室使用，它并不常用。铀分解就会形成钫。

你知道吗？

元素的排列

到1850年时，科学家们已经知道了60种元素，他们想找出这些元素彼此之间的相关性。1863年，英国化学家约翰·纽兰兹从锂元素开始，以原子量递增的顺序，将这些元素排列成行。他发现，每8个元素，都具有一些相同特性，因此，他便按每8个元素一行的方式排列。这样，每一行的元素，都具有相似的化学特性。但是，他并没有发现，在他的元素图表中的那些空缺，属于暂时还没有被发现的元素，所以他的这套元素图表实际上没有多少价值。1869年，俄国化学家德米特里·门捷列夫（1834—1907年）解开了这个谜团。

1860年，他在考虑《化学原理》一书的写作计划时，对无机化学缺乏系统性感到了困扰。于是，他开始搜集每一个已知元素的性质资料和相关数据，把前人在实践中所取得的成果，都收集起来研究。他发现一些元素除了有自己独特的特性之外还有共性。于是，门捷列夫开始试着排列这些元素。他把每个元素都建立了一张长方形纸板卡片。在每一块长方形纸板上写上了元素符号、原子量、元素性质及其化合物，然后把它们钉在实验室的墙上。经过了一系列的排列以后，他发现了元素化学性质的规律性。他把具有相似特性的元素都放在了同一列中，即使在那一列中有空缺。而且，他对其中的3个“空缺”元素的特性都做了精确的预测。到了1886年，化学家们发现了这3个“空缺”的元素——镓、钪、锗。这种排列被称为元素周期表，它显示了元素中那些相似的化学特性如何周期性地出现。从那以后，科学家们对原子结构有了更多的了解，所以现代元素周期表与门捷列夫的元素周期表有一些不同。现在，这些元素都是按照原子序数（原子核中的质子数）来排列的。当然，新的元素不断地被补充进去。但它最终的结果与门捷列夫对元素的排列是非常相似的。

化学符号

19世纪时，随着越来越多的化学元素被发现，科学家们开始寻找一种简单易记，而且全世界都能通用的方法来给它们命名。1787年，在法国化学家安托万·拉瓦锡出版的一本书中，对化学符号体系作了初次尝试。在书中，每一种元素都用一张图来代替，例如金属是由不同大小的圆代替，碱金属由不同大小的三角形代替。拉瓦锡甚至用这些符号写下了早期的化学方程式。

但是拉瓦锡的化学符号体系太复杂了，它后来被瑞典化学家贝采利乌斯想出的另一套

炼金术时代

在中世纪时期，只有欧洲、阿拉伯和中国的炼金术士对元素进行过研究。但是，他们的研究方法并不科学，因为他们的实验方式受到了迷信思想的左右。

当时，炼金术士的主要目的是为了找到点金石。他们认为，这种物质不但能够使人长生不老，而且还能把铅和汞之类的贱金属变成金子。当然，他们的想法是错误的，但是他们的一些实验，却得出了一些重要的结果。正是由于他们，人们才发现了盐酸、硝酸、硫酸和磷元素。此外，“化学”一词也来源于他们。化学的英文单词 Chemistry 来源于阿拉伯语的 Al Quemia，意思是“金属的转换艺术”。

◀ 炼金术士既是半个魔术师，也是半个科学家，他们并不真正了解元素到底是什么，也不知道元素是如何转换的。

▶ 炼金术士相信金子是最完美的金属，他们的很多实验都是为了从其他相对廉价或不那么好看的金属中（如铅）提炼出金子。

同位素研究

每种元素中都只有一种原子，并且在同一种元素的所有原子中，原子核内所含的质子数量都是相等的。质子的数量被称为元素的原子序数。但是，同一种元素中的原子，可以有不同数量的中子。例如碳原子，在它的原子核中有 6 个质子，但是它的中子可以是 6 个、7 个或者 8 个。碳元素的这三种不同形式被称为碳 12、碳 13 和碳 14。12、13、14 分别是碳原子的质量数，它们实际上是原子核中质子数量与中子数量的总和。质量数不同的同一种元素，被称为同位素。

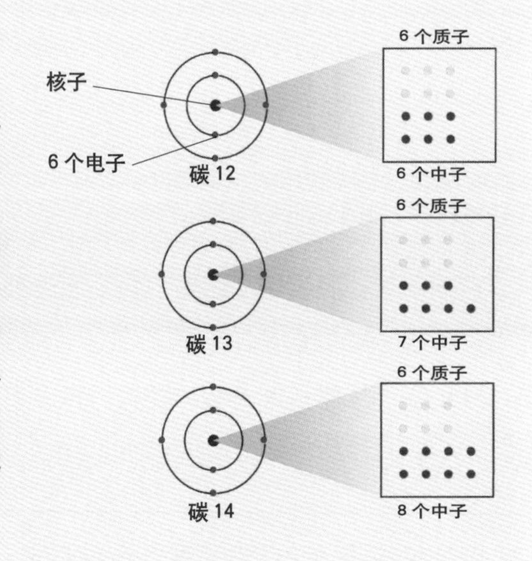

体系取代。1811 年，贝采利乌斯建议用 1 个或者更多的字母来代表元素，这套体系沿用至今。大多数的现代化学符号都是元素英文名称的缩写（如 C 代表碳，Ne 代表氖，Mg 代表镁）。但还有一些化学符号是根据元素的拉丁名称命名的（如 Pb 代表铅，它来自铅的拉丁名称 Plumbum）。

化学药品

“化学药品”这个词，可能会令大多数人都想到我们在生病时吃的某种西药，这一理解的歧义，主要来自“药品”二字。其实啊，“药品”并不仅仅是指吃的药物，也包含了化学试剂。所以，我们这里说的“化学药品”，其实指的是化学试剂——做化学实验用的化学物质。

在宇宙的基本构成中，一共有94种自然元素，它们全都可以被看作是构成化学物质的最基本的化学元素。它们可以是固体的，如碳；可以是液体的，如水银（汞）；可以是气体的，如氧气。

▲ 化学专家们在不断生产新的化学药品，这些化学药品可以用在工业上，也可以治病救人，如治疗癌症或心脏病的药。他们的工作使现代世界发生了革命性的变化。

大多数元素不能独立存在，它们和别的元素发生反应，生成化合物。这些化合物也可以算是化学物质。地球上几乎每一种东西都是化学物质。不管是一种元素，还是一种化合物，整个世界全都是由化学物质构成的。

制造化合物

就像使用建筑板块一样，科学家们利用 94 种自然元素和 24 种人造元素，用各种不同的方法组合它们，研制出新的化学物质。在过去的 100 年中，科学家们大约创造了 200 多万种新的化合物。

当两个或两个以上的元素的原子发生反应（如当它们被加热）时，一种新的化合物就产生了。一旦形成新的化合物，原子就结合在一起，很难再把它们分开。化学物质中的各种元素，总是按一定的比例结合的。

化学物质的特性通常与组成这种物质的元素不同。如盐，这种白色的吃起来很安全的结晶固

大开眼界

最危险的化合物

至今为止，最危险的化合物是一种名叫“2，3，7，8－四氯二苯并－对－二噁英”的化合物，简写为 2，3，7，8–TCDD。它的致死性比氰化物强 15 万倍。

你知道吗？

所有闪闪发光的东西

用白金、金和银制成的珠宝被人们赞叹。但是，制造它们的贵重金属，通常是与另一些强度较软的金属混合起来的合金。24K 金是纯金，但 18K 金只含有 75% 的金，9K 金只含有 37% 的金，它们的其余部分通常是铜或银，或者是两者的混合物。纯银制品含 92.5% 的银和 7.5% 的铜，而白金中经常混有鲜为人知的金属——铱。

完美的结合

1799 年，一位叫约瑟夫·路易斯·普鲁斯特（1754—1826 年）的法国科学家，小心翼翼地将一些元素从铜碳化合物的样品中分离出来。当他对它们进行测量时，他发现这些元素总是以相同的比例结合在一起：5 份铜、4 份碳和 1 份氧。

普鲁斯特继续试验，证实了每种化合物中的元素总是以固定比例结合在一起的。例如在水分子中总有 2 个氢原子和 1 个氧原子；在盐分子中有 1 个钠原子和 1 个氯原子。化合物的化学分子式则展示了它们内部的这种关系，如 H_2O（水）、NaCl（盐）。普鲁斯特发现的这一规律，被称为“定比定律”或“普鲁斯特定律”。

体，是氯和钠的化合物；氯气是一种有毒的黄绿色气体；钠是一种银色固体金属。液体水是由氢、氧这两种元素合成的。

绝大多数化合物都是天然形成的，因为大多数元素很容易相互结合在一起。只有碳、硫、铁、铜、银、锡、锑、金、汞、铅这 10 种元素可以单独构成物质，它们在古代就为人所知，而其他元素却只能在化合物中存在。现代的化学家利用自己掌握的元素结合方法来设计具有特殊性质（强度或弹性）的化合物。碳的化合物叫有机化合物，在工业中非常重要。它们可以专门用于生产聚氯乙烯（PVC）、聚苯乙烯和其他塑料方面的材料。

制造混合物

混合物是没有参与化学反应的元素或化合物的结合体。把盐倒进沙子中，将产生一种混合物，而非化合物，因为盐和沙子没有发生化学反应。

通常来说，在混合物中结合起来的物质，比在化合物中结合在一起的物质，更容易再次分离。例如把水倒进盐和沙的混合物中，盐会溶解，剩下沙。盐和水成了另外一种混合物，可称为溶液。将这些盐水加热至沸腾，就可以将盐从混合物中再分离出来。

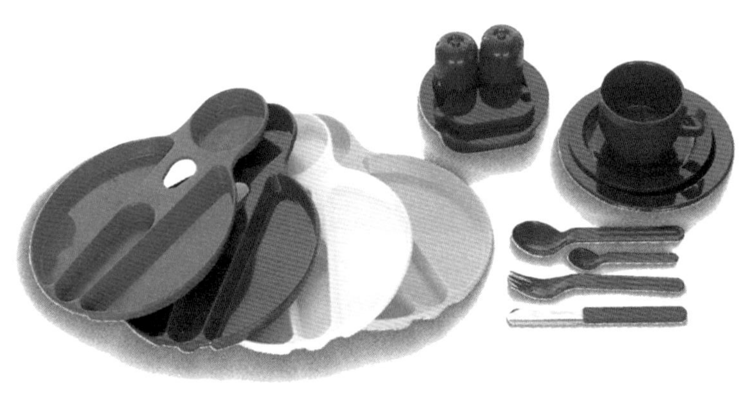

▲ 在 20 世纪之前没有塑料。现在，它们在我们周围到处都是，从电缆的包皮，到野餐用的器皿，它们无处不在。塑料是由石油制成的合成化合物，大多数塑料是被称作聚合物的碳氢原子链。

◀ 铁是在高炉中，从铁矿石中分离出来的，含有2%～4%的碳。要想制造含碳量少于1.7%的钢，铁就要经过进一步的精炼。

金属混合物

科学家也利用他们在混合物方面的知识，生产具有某种特性的物质。最重要的混合物是合金——一种金属和另外一种材料的结合体。它们是用加热的方法生产出来的，这样能使金属原子在不经过化学结合的情况下混合在一起。由于两种元素的原子具有不同形状，所以它们就不容易运动，因此这种新材料更为坚固，但也少了一些弹性。

钢是最重要的合金之一，可用于制造任何东西，从汽车到房梁，它由铁和碳合成；铝合金通常用于制造飞机的机身和空间火箭的箭体，因为它们不但坚固，而且重量轻；青铜是铜和锡的合金，用于制造硬币；黄铜（铜和锌的合金）是深受人们喜爱的装饰用材。

空气

空气是稀薄的、透明的气体混合物，看上去似乎没有重量，也没有浓度。在风和日丽的日子里，除了下意识地知道它就在周围，我们感觉不到空气的存在。但是当暴风来临，我们却能切身感受到它的存在。

逆风骑车的人会感觉到巨大的空气阻力。运动员在跑步时急促地呼吸，登山运动员在到达山顶时气喘吁吁，这些现象都说明空气在维持生命及活动中扮演着重要角色。

空气中的三种主要成分

空气中含有许多气体，但主要有三种：氮气、氧气、惰性气体中的氩气，它们约占空气总量的99.9%。

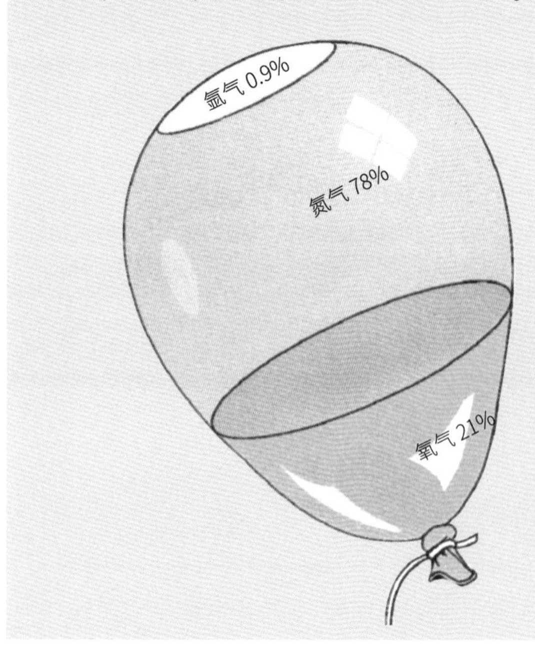

事实档案

氮（N）
化学性质不活泼；液态下温度很低；用于生产肥料，也用于食物保鲜和冷冻食物。

氧（O）
化学性质活泼；维持生命的必需物质，助燃；用于高炉熔炼、精炼钢铁，以及用氧乙炔炬切割金属。

氩（Ar）
化学性质不活泼，惰性气体；用于填充电灯泡，也用于金属焊接。

二氧化碳（CO_2）
碳和氧的化合物；来自燃料的燃烧、人体的呼吸；在光合作用中，植物会吸收二氧化碳。

氦（He）
化学性质不活泼；液态下温度很低；被用于飞船和热气球中；可以和氧混合，供潜水者呼吸之用。

氪（Kr）
化学性质不活泼；用于眼外科手术中的激光治疗。

氙（Xe）
化学性质不活泼；利用激光技术切割硬塑料。

空气是由什么组成的

空气的主要成分是氮气（占空气比重的78%）和氧气（占空气比重的21%）。氮气是一种相对不活泼的气体，它不易与其他元素结合形成化合物。相反，氧气非常活泼，它易于和其他元素发生反应，并释放出能量。空气中的氧气和其他元素或化合物迅速发生反应的过程叫作燃烧，会产生大量热量，有时释放出火焰。

除了氮气和氧气，空气中还含有少量氩气（0.9%）、二氧化碳（0.03%）、含量呈动态变化的水蒸气、尘埃粒子，以及其他气体，包括氢、一氧化碳、甲烷、氦、氖、氪、氙。

维持平衡

空气中的二氧化碳是生命体在呼吸时释放出来的。呼吸是一种生命过程，在这个过程中，食物和氧结合，释放出能量，供给生命的生长和运动。如果呼吸作用是影响大气的唯一生命过程，那么空气中二氧化碳和氧的比例就会发生改变。但是由于光合作用，气体之间保持着平衡。

▲ 热空气微粒比冷空气微粒运动快，并占有更多空间，因为热空气微粒间的距离比冷空气微粒间的距离大，所以热空气比冷空气轻，这就是热气球升空的原理。

在光合作用中，植物利用太阳能将二氧化碳和水分转变为食物。植物会消耗二氧化碳，并释放出氧气。通过这种方式，空气中的各种成分保持着平衡。

▲ 我们的身体利用空气中的氧气分解食物，释放能量并储存起来。跑步时，跑步者要通过喘气来吸收更多的氧气，从而释放跑步时所需的能量。

大气压

空气有重量，并且会对物体施加压力，这就是大气压。大气压相当于地球表面每平方米上一头成年大象的重量。我们无法感知大气压，因为我们将空气吸入肺里，而人体内的体液产生的一种外推力中和了大气压。

用气压计可以测量大气压。简易的水银气压计的工作原理是：在地球的某处，1 空气柱的重量与该处 760 毫米汞柱的重量相同。如果将一支充满水银的试管（开口朝下）放在一盘水银中，试管中的水银柱高度会降低，直到水银柱压等于盘中水银所承受的大气压。汞柱（水银柱）高度随大气压的变化而变化。

高和低

高处的大气压比海平面的大气压小。用简易水银计测出的海平面处的大气压为 760 毫米汞柱。在珠穆朗玛峰的峰顶（海拔 8844.43 米），测出的大气压仅为 330 毫米汞柱。水银是危险的，千万不要碰它。

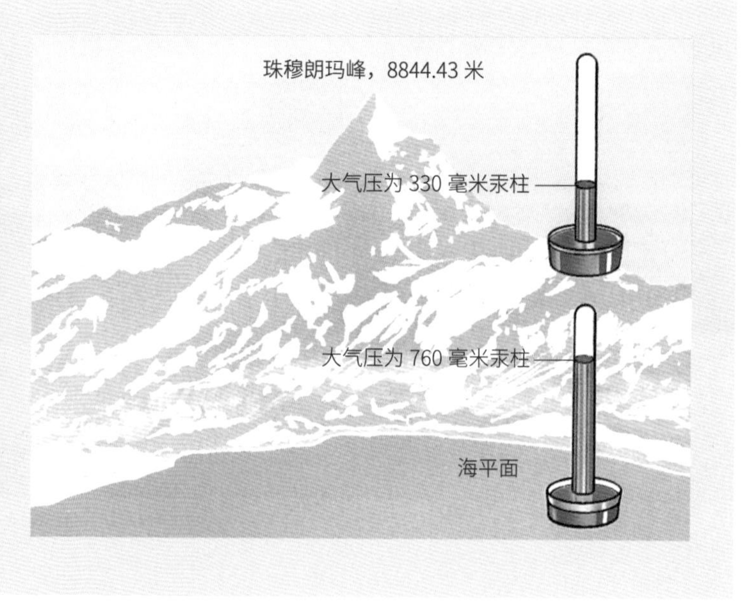

自我观察

下面这个简单的实验证明了燃烧会消耗空气中的氧气。

首先，把一根蜡烛放在一碗水的中间。为了防止蜡烛倾倒，可将蜡烛放在一个瓶盖上或者一个小杯子里。点燃蜡烛，用一个空的玻璃罐子罩住蜡烛，把罐子中的水的位置标注出来。

现在观察罐子里的水位的变化。水位之所以变化，是因为蜡烛利用罐子里的空气中的氧气燃烧。一旦氧气耗尽，蜡烛就会熄灭。

你会注意到，罐子里的水容量约占罐子1/5的空间，这是因为氧气在空气中的比例约为1/5（21%）。但是这个测量并不很精确，因为燃烧虽然会用尽氧气，但是会产生二氧化碳，而二氧化碳也会在罐子中占一定空间。

利用空气

风动机械就是利用压缩空气来运转的。例如风钻被用来修路，就是通过压缩机产生的高压气体的压力来实现的。

空气中的一些气体有着重要的工业用途和其他用途。人们用一种被叫作分馏的方法来从空气中分离气体。首先，重复的压缩、冷却操作使空气被液化。随后在三种不同的温度下，氧气、氮气、氩气从液化气体中被分离出来。

你知道吗？

马力

1654年，在德国马格德堡，奥托利用两个黄铜半球证明了大气压的强度。当球体内充满空气时，由于球体内外空气相互推动，使得两个半球得以拉开、分离。一旦球体内的空气被抽出，球体内没有了压力，这时需要两队马才能把球体分离开来。

水

从太空中观察，地球是一颗蓝色的行星。它表面大约70%的面积都被一种令人惊奇的化合物——水覆盖着。水这种令人惊奇的化合物具有许多独特的性能。没有水，地球将会变成没有任何生命的荒漠。

与其他液体相比，水似乎非常普通，它没有气味、没有颜色、没有味道、无毒，并且不能燃烧。但是科学研究表明，一直围绕在我们身边的这种化合物——水，绝不是一种简单的物质。

水是由氢和氧构成的一种化合物。每个水分子都是由两个氢原子和一个氧原子构成的，因此它的分子式是 H_2O。我们可以将水分子描述成三个球体，其中有一个球体（代表一个氧原子）

◀ 从太空中拍摄的照片使我们对地球有了新的认识。从照片上我们可以看到，水大约占据了地球表面的70%。五大洋中的水占地球上所有水的97.3%。

事实档案

化学成分	H_2O
熔点	0°C
沸点	100°C
密度	1000 千克 / 米^3
丰度	地球表面最普遍的化合物

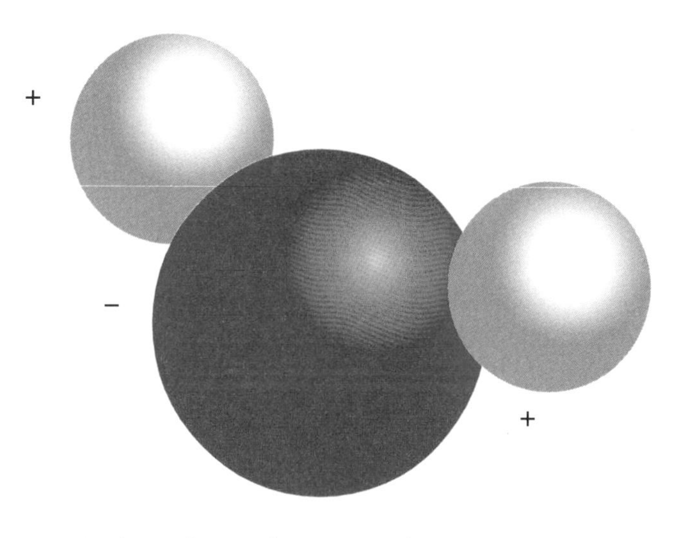

▲ 水分子是由一个氧原子和两个氢原子组成的，原子间正负电荷的强烈吸引力，使这些原子牢固地结合在一起。

很重，在它的两侧各有一个较轻的球体（分别代表两个氢原子），这两个较轻的球体就像耳朵一样附着在较重的球体上。

水分子具有极性。这意味着氢原子带有少量的正电荷，而这些正电荷被围绕在氧原子周围的负电荷平衡。水分子的形状和极性使水具有许多重要的性能。

固体、液体和气体

水是唯一的一种可以在日常温度下分别以固体、液体和气体状态存在的普通物质。水通常以液态存在。雪和冰是固态的水。以气体或蒸汽的形式存在的水也是大气的组成部分。

在正常的大气压力下，水在0℃时由固体融化成液体，在100℃时沸腾，并由液体变成气体。融化和沸腾可以使物体改变状态。大多数固体在融化的时候，都会由于内部微粒的活动速度开始变快而膨胀。增加压力通常会使固体难于融化，因此，大多数物质的熔点都会随着压力的增大而升高。然而，冰的融化过程却与大多数物质相反。冰在融化时体积会缩小，所以它的融点会随着压力的增大而降低。这就是位于溜冰鞋冰刀下的冰会融化的原因，这样有助于溜冰者在冰上滑行。

增加压力也会使水的沸点升高。当液体向气体转变时，这是正常的，因为压力的增加会使液体更难膨胀。这就是高压锅的工作原理，高压锅是一种带有密封盖的用于蒸煮的锅。锅内产生的蒸汽不能逸出，直到这些蒸汽产生出足够的压力来形成一种向上的力量，将密封盖上的阀

▲ 冰鞋上那窄窄的冰刀对冰施加的高压，降低了冰的熔点，因此，位于冰刀下面的冰会融化，产生一层薄薄的水膜。这层水膜能起到润滑的作用，有助于溜冰者在冰上滑行。

门打开。在这个过程中所需要的压力通常为正常大气压力的两倍。结果，高压锅内的温度达到了 120℃，比在敞口锅中煮沸的沸水的温度要高 20℃。因此，用高压锅来煮饭，食物要熟得更快一些。

蒸发和冷凝

即使是在温度大大低于沸点时，水分子也会不断地从水的表面“跑”到空气中。这个过程被称作蒸发。空气能够吸收大量的水分子，天气越热，空气能吸收的水分子越多。最终，空气将变得饱和。这意味着在特定的温度下，空气已经吸收了它所能吸收的所有的水分子。之后，如果空

你知道吗？

分子运动论

分子运动论向人们解释了固体、液体和气体表现不同的原因。分子运动论认为，所有物质都是由分子构成的，并且这些分子可以到处移动，因为它们具有动能。固体分子的动能最小，因此它们只是在一个固定的位置上振动。液体中的分子具有较多的动能，因此它们能互相进行换位移动。气体中的分子具有最大的动能，因此它们可以自由地到处移动。

气冷却了，那么它就不能再吸收同样量的水分子了，这时，一些原来被空气吸收的水分子就会液化成细小的水滴。这个过程被称作冷凝。当我们在很冷的天气中呼气时，冷凝现象就会发生。从肺部呼出的温暖的、含有水分子的气，会冷却并凝固成水汽。

空气湿度是用来表示空气中水蒸气含量的指标，是大气潮湿程度的标志。空气的相对湿度是空

三种状态

水经常以三种不同的状态存在。液态水是最普通的。固态水以冰的形式存在。气态水是水蒸气。从水壶中冒出来的热热的蒸汽被叫作水汽。

自我观察

一个变成两个

电流可以把水中的水分子分解成氢气和氧气。你自己可以通过实验来证明。将少量的醋放入广口瓶或水槽中的水里，这样可以增加水的导电性。下一步，如图所示，将两根导线分别固定到一个9伏的电池上，并将导线的另一端放入水槽中。在放入水中的导线的末端将产生气泡。氧气从正极那根导线末端冒出来，氢气从负极那根导线的末端冒出来。这个过程叫作电解。

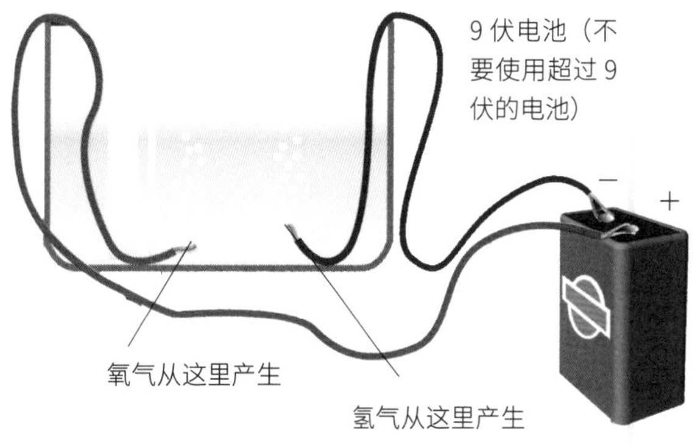

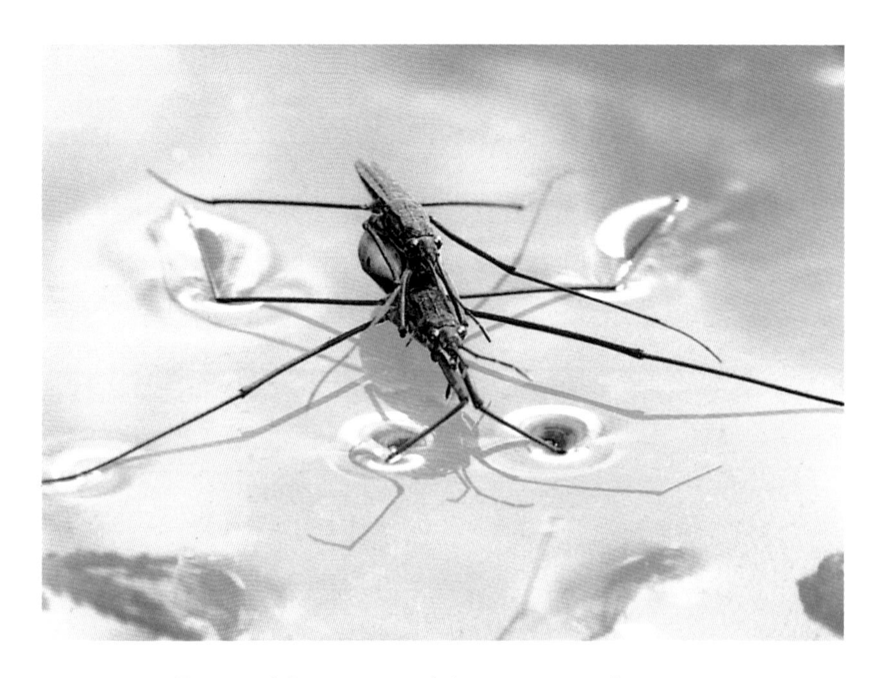

▲ 图中这只昆虫叫作水黾，它可以依靠水的表面张力在水上行走。表面张力是水分子间的一种吸引力，这种吸引力使水表面产生了一层“外皮”。

气中实际含有的水蒸气的量，与同温度下空气中最多可以含有的水蒸气的量的百分比值。干空气的相对湿度为0%，饱和的空气的相对湿度为100%。随着汗的蒸发，我们身体中的部分热量会被带走，这有助于降低体温。在炎热、潮湿的天气中，我们周围的空气已经达到了饱和状态，汗蒸发得很慢，所以我们会感到很不舒服。

表面张力

液态水表面上的水分子之间的吸引力，被称为表面张力，这种力使水的表面形成了一层足以支撑一只池塘中的昆虫的弹性“外皮”。在表面张力的作用下，还可以产生毛细现象。我们将细玻璃管插入水中，水表面和管壁之间的吸引力，会对水产生一种拉力，致使水沿着管壁上升，这种现象就属于毛细现象。管越细，水上升得越高。毛细现象对植物是非常重要的，它使植物的根可以从土壤中吸收水分。

▲ 水分子会不断地从水表面向空气中蒸发。

▲ 这匹马在比赛中已经跑出了汗。现在，马身体中所散发的热量，正使这些汗水蒸发进入空气中。

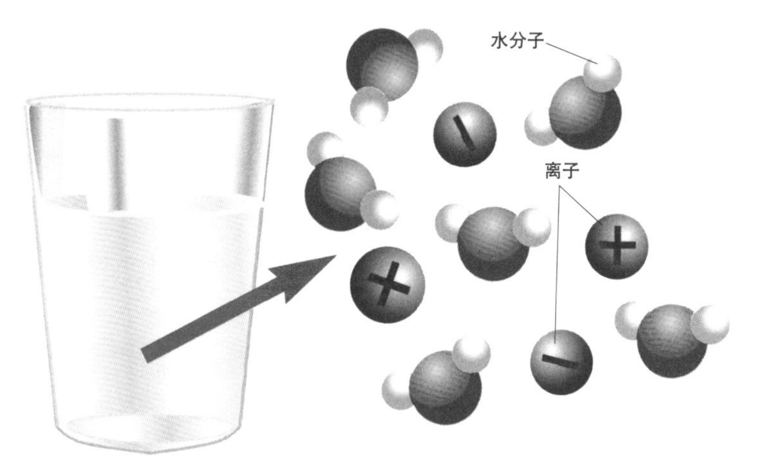

◀ 水是一种极好的溶剂。事实上，因为水能溶解多种物质，所以它经常被称作“万能”溶剂。水之所以能够溶解许多种物质，是因为它的极性分子能使被溶解物的离子分开。

“万能”溶剂

溶解其他物质的物质被称作溶剂。水非常重要，因为它能溶解很多种化合物，它也因此经常被称作“万能”溶剂。水特别易于溶解像食盐（氯化钠）这样的、由带电原子和原子团（离子）组成的化合物。水分子中呈正电性的氢原子，会吸引被溶解物中带负电的离子，而水分子中呈负电性的氧原子，则会吸引被溶解物中带正电的离子。这样就会削弱离子之间的作用力，

运动中的水

当水自由流动时，重力使它从山上流下来，流向它能流到的最低位置。流动的水的能量被用来进行水力发电（右图）。

利用虹吸管可以把一个水槽中的水移到另一个位于较低处的水槽中，不过，位于较高处的水槽中的水必须首先要漫过水槽边缘。虹吸管之所以能够做到这一点，是因为水分子间的吸引力能阻止管中的水柱破裂。水由于自身的重量而被“拉”出水槽的边缘。

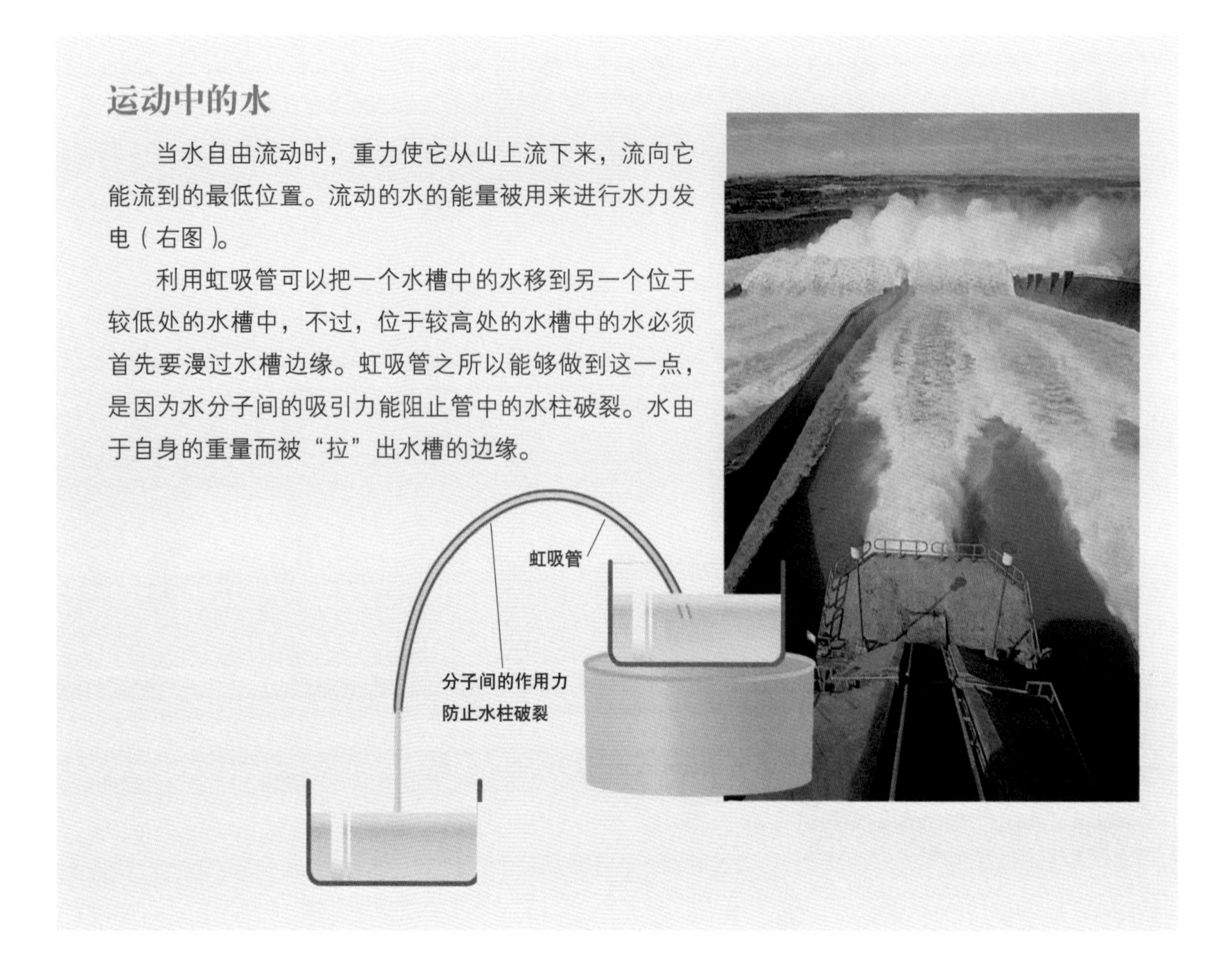

使离子逃离，并进入溶液。

水能够溶解多种化合物的能力，使它成为各种生命体内的“生命介质”。血液和其他体液都是以水为基础的。事实上，生物主要是由水组成的。人体的 60% 是水，而许多植物体内 90% 以上都是水。

水的密度和压力

1 立方厘米水的质量是 1 克，事实上，“克”最初就是以标准温度和大气压下 1 立方厘米水的质量来定义的。因此，水的密度是 1 克 / 厘米 ^{3} 或 1000 千克 / 米 ^{3}。物质的相对密度是指这种物质的密度与水的密度的比值。水的相对密度为 1。汞的相对密度为 13.6。因此，

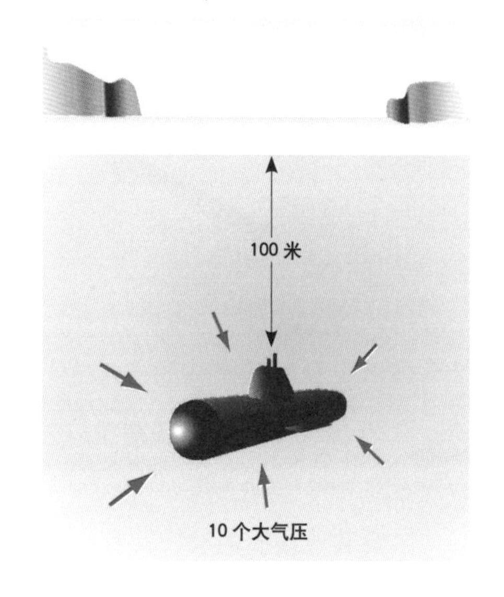

▲ 在 100 米深的水中，潜水艇必须能够承受 10 个大气压（大气压力的 10 倍）的压力，这意味着每平方米的潜水艇表面要承受 100 多吨的重量。

冰和雪

当水结冰时，水分子的形状和极性使它们连接成了六边形的环。这种分子的排列形式形成了六边形的“雪花”。在分子的每个环的中间有一个空隙，这就是冰的密度比液体水的密度低的原因。这很与众不同，因为大多数物质的固态密度都要比它们的液态密度高。

因为冰的密度比水低，所以它可以漂浮在水上。冬天，漂浮在池塘和河流中的冰，将它们底下的水与我们隔离开了，并为鱼和其他水生生物提供了一个能够生存的避难所。如果没有这个避难所，它们很可能会死掉。漂浮的冰山严重威胁着航船的安全。由于冰的密度只是稍微比水低一点，所以，冰山的 90% 是在水的表面之下的。

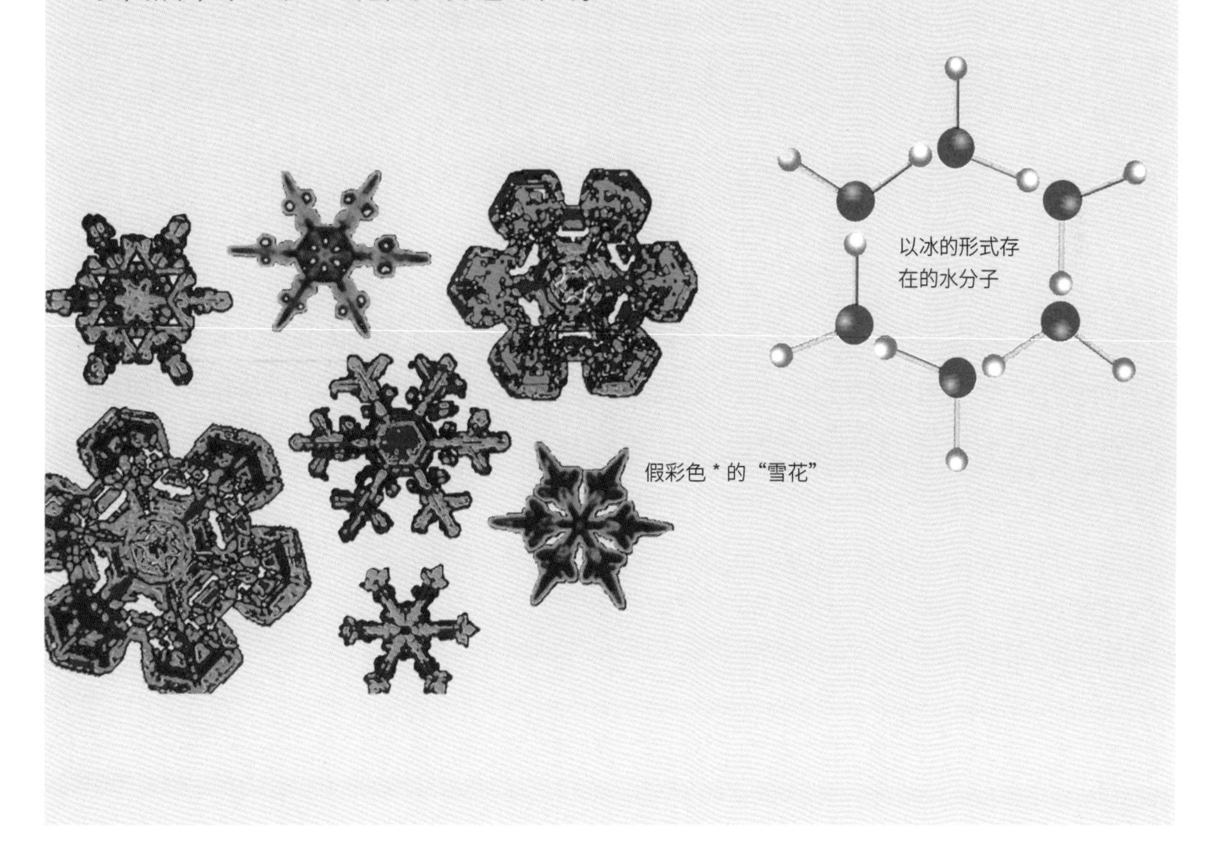

假彩色 * 的“雪花”

1 立方米汞的质量，是同体积水的质量的 13.6 倍。每种物质都有自己的相对密度。

水具有重量，因此它会对放入水中的物质施加压力。这种压力会随着物体放入水中的深度的增加而增大，因为位于物质上面的水的重量增加了。在 10 米的深度，水对物质施加的压力和地球上的大气压力相等。

* 假彩色是指通过特殊摄影、图像合成技术形成的，与事物原有的天然色彩不同的颜色。

气体

气体是没有固定形状的透明物质。气体中的原子和分子不像固体和液体中的原子和分子那样会聚集在一起，但却具有足够的能量彼此分离并自由穿梭，这就是气体可以充满整个容器的原因。气体分子只能被保存在密闭的容器里，或者在重力的作用下被保留下来，就像地球的大气层一样。

人们最熟悉的气体——空气，是各种气体元素和化合物的混合物，包括氧、氮、氩和二氧化碳等。在室温下，有很多其他的元素和化合物都呈气态。大多数气体是我们无法用肉眼看到的，但也有一些气体是有颜色的，例如氯就是黄绿色的。还有一些气体，像氯和氨，具有强烈的气味。有些气体具有惰性而且无害，但是另外一些气体却具有爆炸性和毒性。气体被用于许多生产领域，包括燃料、麻醉剂、照明设备和激光运用。

气压

气体会对容器壁和放置在气体内的物体产生一定的压力。这种压力是因为气体分子持续不断地撞击物体产生的。这些分子可以朝任何一个方向运动，并同其他气体分子或气体中的其他物质相互碰撞。每个气体分子的体积都极为微小，以至于在通常情况下我们无法觉察单个分子产生的压力，而只能获知在每秒钟里由上亿个分子相互撞击产生的稳定的压力。

然而，如果透过显微镜来观察微小的物质，例如气体中的花粉颗粒，我们就能够看到气体分子撞击花粉颗粒产生的效果。花粉颗粒并非静止不动，当大量气体分子从不同方向对它进行撞击时，花粉颗粒就会轻轻地抖动。1827 年，英国植物学家罗伯特 · 布朗成为第一个注意到这种运动的人，因此，人们将这种运动称为布朗运动。

1811 年，意大利化学家阿伏伽德罗提出了另一种观点，他认为，在相同的温度和气压下，体积相同的不同气体具有相同的分子量。阿伏伽德罗的假设已经得到了证实。阿伏伽德罗指数就是指在标准温度和气压下，任何一种气体的体积为 22.4 升时，它里面的分子个数约为 6×10^{23} 个。

◀ 巨大的木星几乎完全是由氢和氦这两种轻质量气体组成的，这些气体受到木星引力的吸引，所以没有逃离木星进入太空中。

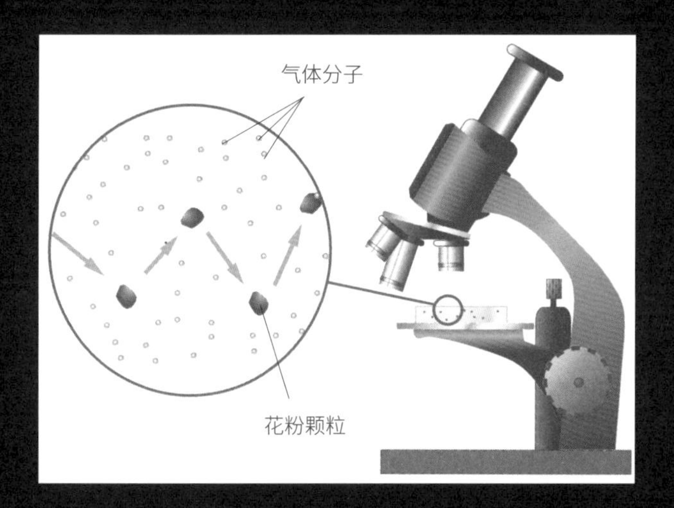

▲ 气体没有固定的形状和体积，充满能量的气体分子扩散开来，弥漫在容器中，同时朝任意方向无规则地运动，而容器壁会防止它们扩散到更远的地方。

布朗运动

气体分子体积极小，甚至用普通的显微镜也无法看到它们。但是如果我们用显微镜观察花粉颗粒这样的物质，我们就能够看到它在无规则地向着不同方向运动。这是由于气体分子撞击花粉颗粒产生的结果，人们把这种现象称为布朗运动。

气体元素

在已知的 100 多种元素中，有 11 种在室温下呈气态。我们可以把溴归为这类元素的第 12 种，因为当温度达到 58.9℃时，溴会由液态升华为气态。下图是对这些气体的介绍，告诉我们这些气体的原子的相对大小，以及它们的分子的组成方式。

图例

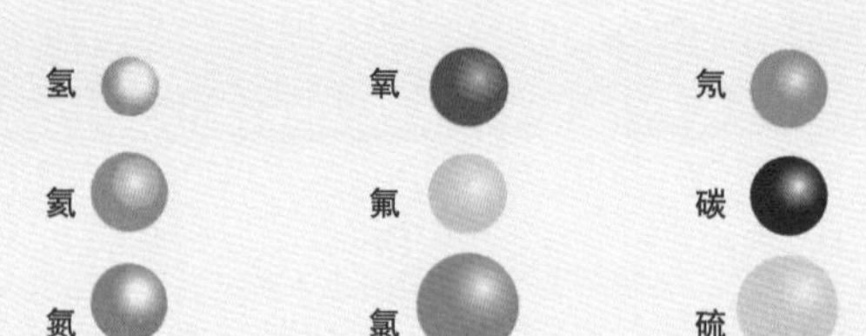

氢

氢是宇宙中最普通的元素，也是质量最轻的元素。氢原子会配对形成双原子分子，因为它们的质量非常轻，大多数都从大气中逃逸到了太空里。氢和空气的混合物具有爆炸性。氢曾被用作飞船的燃料，但在 1937 年的德国“兴登堡号”飞船爆炸（见上图）之后，就被不易燃的氦取代了。

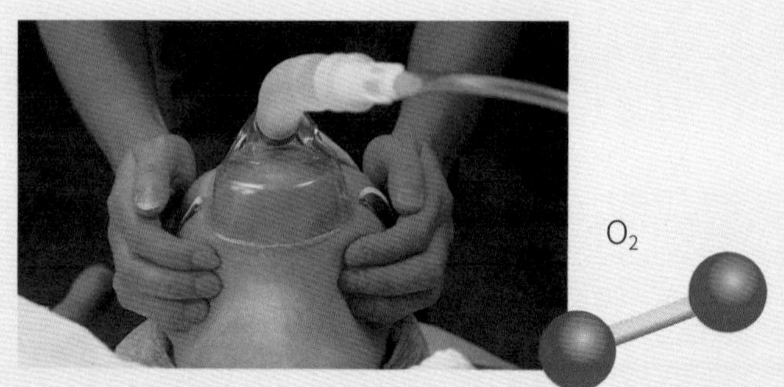

氧

同氢和氮一样，氧也以双原子分子的形式存在。氧是非常活泼的元素，它能使物体燃烧，氧化（生锈），还供生命呼吸。从大气中提取出来的纯氧可以在医疗中帮助病人呼吸（见上图），此外在工业上还有多种用途。但是，氧也是危险的。许多材料在纯氧环境中都会自燃。

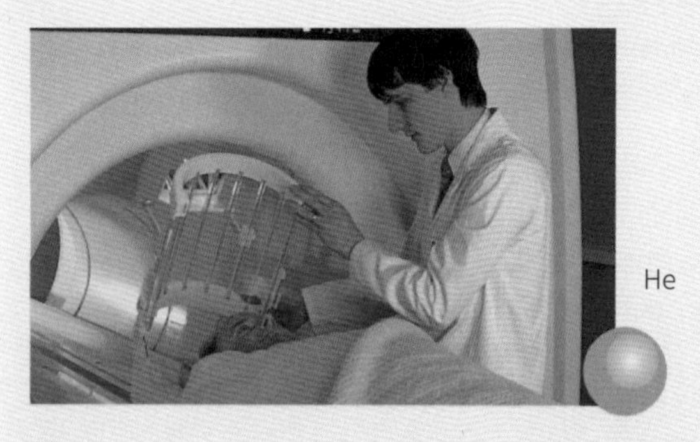

氦

大气中的氦含量极少。氦是惰性气体，以单原子形式存在。液态氦是目前已知的温度最低的物质，它的沸点为 −269℃。氦被用于飞船、热气球、激光、潜水设备，以及超导磁体当中。其中，超导磁体主要用在核磁共振成像（NMRI）扫描仪（见上图）中。

氟

卤素是一组非常活泼的化学元素，包括氟、氯和溴。其中，氟是卤素中最轻的。氟是一种灰黄色气体，毒性和腐蚀性都非常强，与水反应会生成一种强酸。烹饪用具（见上图）中用到的不粘塑料特氟隆，就是一种氟化合物。牙膏里也含有氟化合物。

氮

氮气是空气中最普通的气体。它形成相对不活泼的双原子分子。这种元素也是构成生命体的蛋白质分子的重要成分。从大气中分离出来的氮可用于生产肥料。液态氮可用于冷冻食品（见上图）。

氯

氯和氟一样具有毒性和腐蚀性。用电解法就可以将氯从海水中提取出来。氯是一种非常有效的杀菌剂，常用于杀灭饮用水和泳池中的细菌（见上图）；也被用于纸制品的漂白。然而氯对环境是有害的，科学家们正在寻找解决方法。

稀有气体

稀有气体氖、氩、氪、氙和氡在大气中的含量很低。它们很少同其他元素发生化学反应。但被电流穿过时，这些气体就会产生光，就像上图中的氖灯那样。氡比氢重 100 多倍，是已知的最重的气体。

自己做试验

灭火器

将碳酸氢钠（发酵粉）放置于玻璃杯中，再滴加少量的醋，二者会产生化学反应，释放出二氧化碳。二氧化碳比空气重，所以它会留在玻璃杯中。此时，如果我们把燃烧中的蜡烛伸到玻璃杯底部，蜡烛就会熄灭。这就是二氧化碳灭火器的工作原理。

气体化合物

许多重要的气体是两种或更多种元素的化合物。这些元素以不同比例进行化合，从而生成了具有不同特性的化合物。

一氧化碳

一氧化碳分子由一个碳原子和一个氧原子构成。一氧化碳是有毒气体。汽车尾气中含有一氧化碳，当尾气与太阳光作用，就会产生有害的光化学烟雾（见上图）。维护不当的煤气取暖器也会产生一氧化碳。

甲烷

甲烷是由碳和氢构成的化合物，它是从腐烂的动植物中产生的。甲烷易燃，因此垃圾场必须将它完全烧尽，以免引起爆炸。甲烷也可充当发电站的燃料（见上图）。它还存在于煤气和石油中，是天然气的主要成分。

二氧化碳

二氧化碳由一个碳原子和两个氧原子构成。这种气体是无毒的，但会导致窒息。动物呼吸时，二氧化碳会作为废物排出，并被植物利用。起泡饮料正是因为含有二氧化碳才会产生气泡。此外，灭火器中也含有二氧化碳（见上图）。

二氧化硫

二氧化硫是导致酸雨产生的气体。在发电站，含硫煤燃烧时会生成二氧化硫。这种气体遇到大气中的水就会溶解，形成酸雨。酸雨会污染河流，损毁树木（见上图），腐蚀石质建筑物。

氨

氨是由氮和氢构成的具有强烈气味的气体。它易溶于水，可以被制成清洗溶剂。氨也被用于制作农作物需要的肥料（见上图）和炸药。

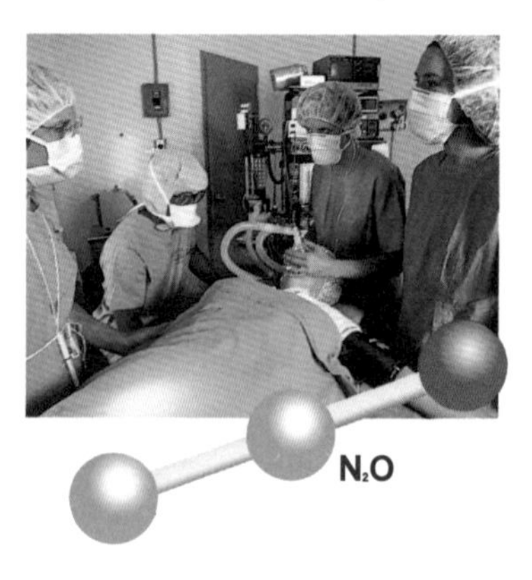

一氧化二氮

一氧化二氮被用作手术中的麻醉剂（见上图），它可以麻痹病人的生理感觉。它也被称为“笑气”，因为吸入少量这种气体就可以使人笑个不停。

气体定律

实验证明，气体的三个重要属性——压力、体积和温度是紧密相连的。如果其中一种属性发生改变，就会影响到另一种或两种属性。

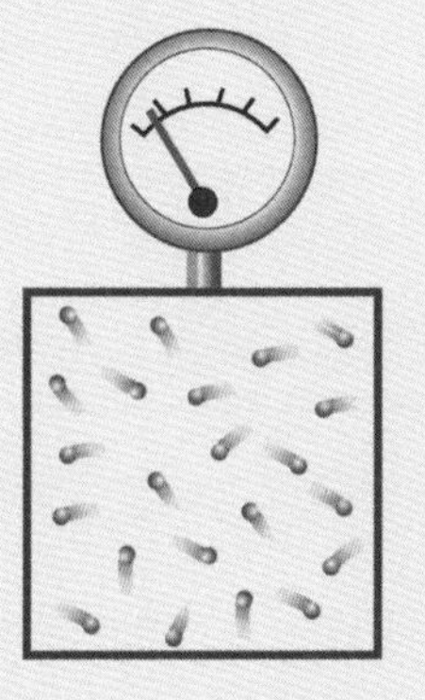

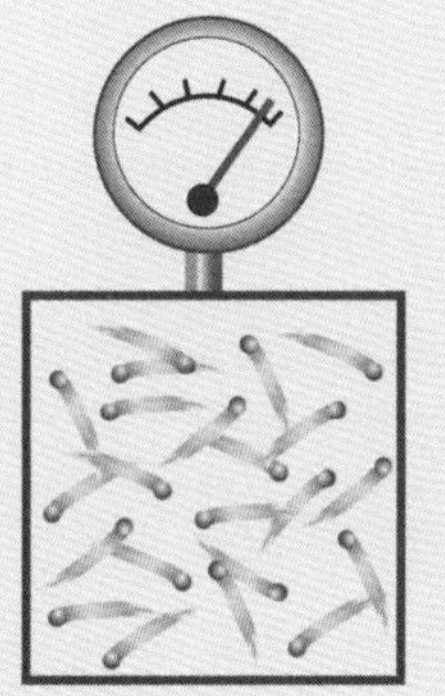

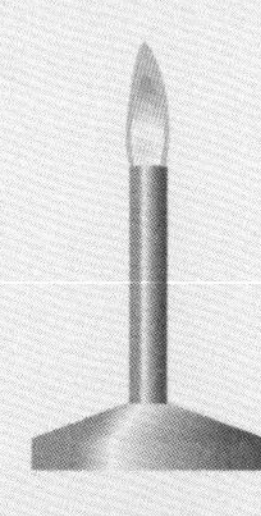

当硬质容器内的气体被加热时，气体分子运动时所具有的能量（动能）就会增加。它们的移动速度变得更快，分子对容器壁的撞击更猛烈也更频繁。这表明，温度升高会使气压增大。

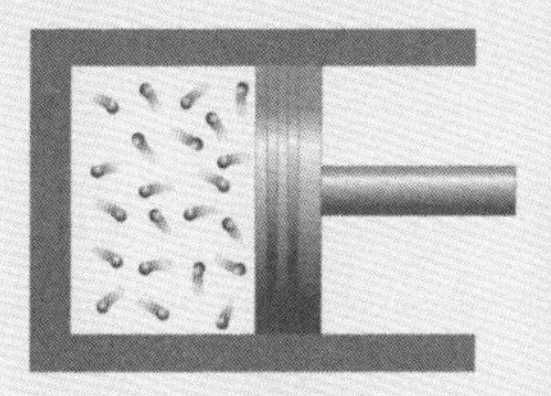

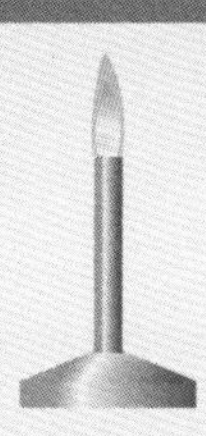

如果将气体放置在一个密闭的汽缸里，并利用活动的活塞将气体加热。因受热而增大的压力会推动活塞并使气体膨胀。这表明，温度升高会使气体体积增加。

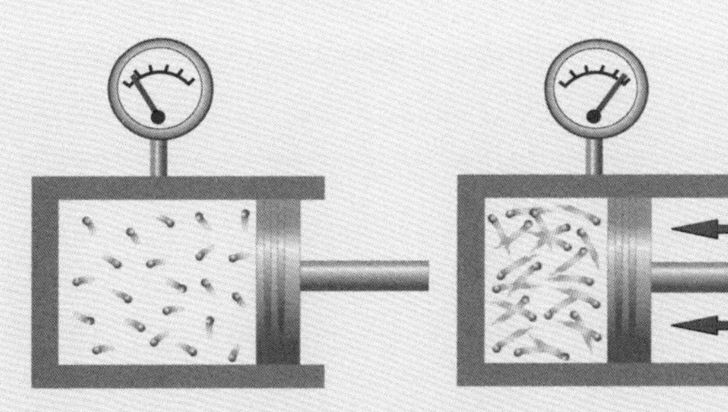

当汽缸中的气体被压缩，体积变小，气体分子之间会靠得更近，使得分子更加频繁地碰撞容器壁，从而增加了压力。这表明，体积变小可以使气压增大。

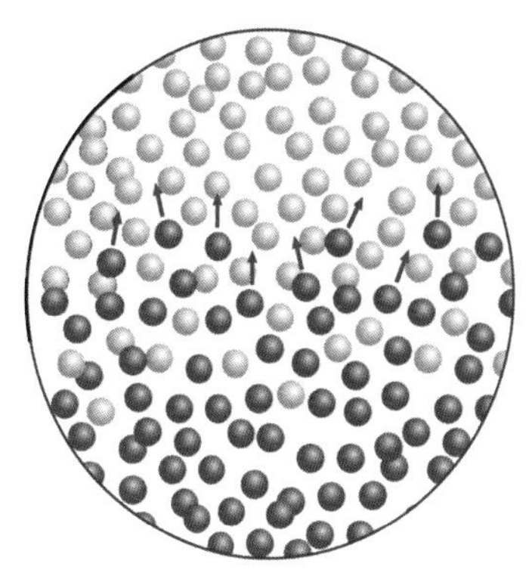

▲ 将有色气体和空气混合，就可以很清楚地观察到气体扩散的过程。在图中左侧，红棕色的溴蒸气和无色的空气被分别放在用玻璃盖隔开的两个玻璃罐里。当盖子被拿开，气体粒子开始从高浓度区域向低浓度区域扩散，直到均衡地混合在一起（上图右侧）。

像氢分子这样的小分子所施加的压力，与氧分子这样的大分子施加的压力是相同的。这是因为在一定的温度下，小分子比大分子运动得更快。较快的速度意味着即使它们体积较小，但却可以产生同样大的撞击力和压力。

扩散

如果将硫化氢（臭鸡蛋释放出来的气体）这种气味强烈的气体从一个角落里释放出来，那么这种气味很快就会扩散到整间屋子。气体分子会扩散并混合到空气分子当中，无规律地朝任何方向蔓延。所以即使我们不在厨房也能闻到做饭的味道。

扩散是指气体总是会从浓度较高的地方蔓延至浓度较低的地方。就像奶即使没有经过搅拌，也可以融入茶水中。而气体之间就是通过渗滤来混合的。密度较低、质量较小的气体扩散混合的速度总是比密度较高、质量较大的气体更快，这是因为质量小的气体在大气中移动的速度较快。

金属

元素周期表列出了100多种元素，其中75%是金属元素。铝、铁、钙、钠、钾和镁这6种金属元素是排在氧和硅之后的在地壳中储量最丰富的元素。而其他许多元素都是微量元素。

金属是最有用的材料之一。钢制的汽车和船、铝制的飞机、铜电缆、银餐具、汞电池、铂催化剂、铅顶板、金牙、钛制自行车……金属具有各种用途，其应用是非常广泛的。

什么是金属

同汞一样，金属也具有不同的形态，汞是在室温下呈液态的唯一一种金属。软的红色固体铜会在1083℃下熔化。钨是一种脆的灰色材料，它的熔点最高，为3410℃。尽管存在这些不同

▲ 钢的强度和韧性使它成为理想的建筑材料，著名的北京奥运会主场馆“鸟巢”的外部结构就使用了钢材料。

金属键

来自金属原子外壳的电子在一种“海”中可自由地到处移动。因此，这些电子能将热和电带到整块金属。因为带负电荷的电子不会附着到个别原子上，所以这些原子将成为带正电荷的离子，并且电子和离子借助电荷的吸引力牢牢结合在一起。金属原子间的这种连接被称作金属键。

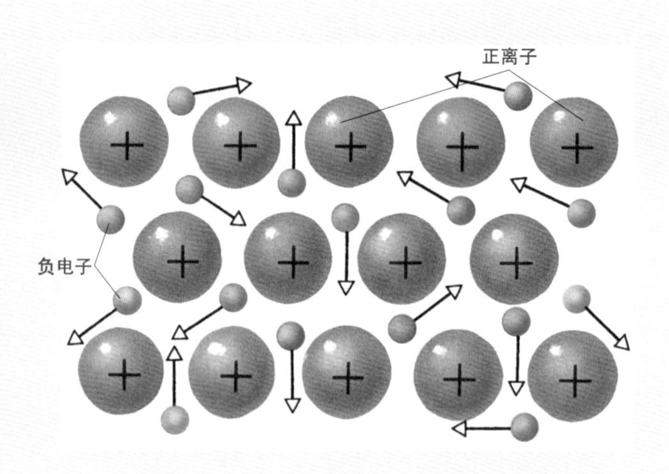

大开眼界

金属球

由最重金属锇制造的足球重约 160 千克——几乎相当于两个成年足球运动员的体重总和。

点，但所有金属都具有某些共同性能。金属是优良的热和电的导体，而且大多会与酸反应生成盐，例如铜与硫酸反应就会生成硫酸铜。

几乎所有的金属都是重金属材料。铅的密度是水的 11.3 倍，汞的密度是水的 13.6 倍，锇的密度最大，是水的 22.5 倍。而锂是最轻的金属，其密度只比水的密度的一半略高一些，所以它能漂浮在水上。

然而，金属的特性是一个或更多电子能够容易地从它的原子中逃逸出去。在一块金属中，离开原子的电子自由地四处移动，与气体中的分子活动十分相似。正是这些自由的电子将热和电有效地传递到了整块金属。

纯金属

纯金属强度高，但质地较软。这似乎有些矛盾，因此，为了帮助你理解这个概念，我们以铜管为例。铜管很柔软，水管工人可以用两手使之弯曲、缠绕；但因其强度很高，又很难把它完全折断。这种柔性与韧性的结合赋予金属坚韧的性能。例如，一辆金属构架的赛车可以承受剧烈的碰撞，使赛车手能够继续进行比赛。

纯金属易于延展——它们能被拉伸成线状或管状。金属还是可塑的——它们能被打制成金属薄片或其他形状。纯金的可塑性极强，它能被打制成比人的头发都纤细的薄片。这种被人们称为“金箔”的东西多用于装饰图书和瓷器。

纯金属是柔软的，这是由金属原子的排列方式决定的。金属原子紧紧地挤在一起，排列整齐，呈现出很规则的薄层状，就像一堆玻璃球或台球。每一个原子都被同一薄层中的其他 6 个原子包围着。各个原子层相互能够容易地滑过，因此，金属在力的作用下能改变形状。但原子核和自由电子之间强的电子吸引力阻止了原子薄层的破裂，使金属具有了高强度。

提取金属

自然界中很少发现纯金属。金、银和铂被作为纯金属开采，但其他所有金属必须从矿石中提取。矿石是金属与氧或硫黄等其他元素的化合物。人们一旦把矿石从地下挖出来，就要把金属与其他元素相分离。这通常是通过用石灰石等矿物质加热矿石（有助于矿石的熔化）的方法

▲ 赛车利用了金属兼具高强度与韧性的独特特性。它们可以承受反复的猛烈撞击而不会破裂，因为它们的金属框架只会弯曲但不断裂。

▲ 女工艺师正在用纤细的金箔装饰花冠。这种被称为"贴金箔"的技术是人们完全可以做到的，因为金子具有极高的延展性，能被锤打成纤细的薄片。

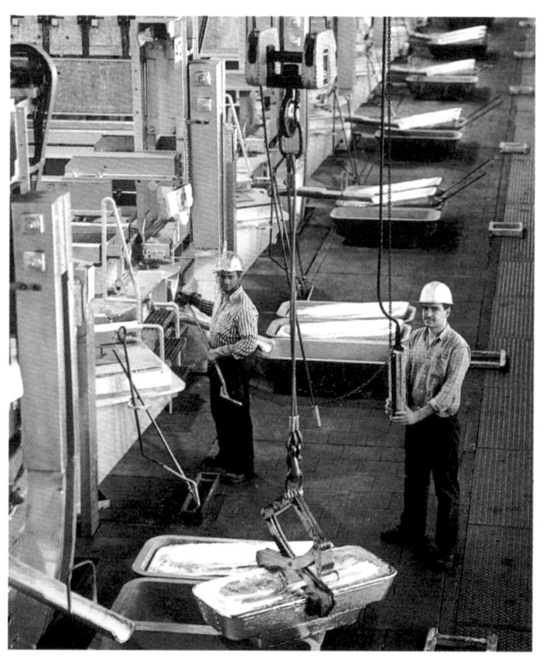

▲ 铝熔炉通过电解的方式，将铝从矾土矿石中分离出来。熔炉通常位于水力发电厂的附近，这可以为熔炉提供大量所需要的电流。

来完成的，然后用碳或强大的电流从矿石中分离出纯金属。这种使用电流分离物质的方式被称作电解。

合金

纯金属太软，不能制作坚硬的工具和建筑物。但金属的强度和硬度可通过将两种或更多元素放在一起熔化，形成一种被称作合金的混合物来增加。青铜是铜和锡的合金。铜原子和锡原子的大小不同，因此不会形成平滑的薄片，而会牢牢结合在一起。正因如此，青铜比纯铜或纯锡的硬度高。

钢是铁和碳的合金。钢的硬度可通过改变它的含碳量，以及热处理来调节。将钢加热或冷却会改变碳在钢结构中的分布方式。切削工具也是经过加热，然后在油浴中快速冷却而变硬的。

反应

某些金属很容易与非金属反应，但其他金属只能缓慢地与非金属发生反应。不同金属反应的难易程度可从金属活性序中查询得知。金属活性序是基于金属与空气、水和酸的反应强度所制作出来的金属表。

Li 锂	K 钾	Rb 铷	Cs 铯	Ra 镭	Ba 钡	Sr 锶	Ca 钙	Na 钠	Ac 锕	La 镧	Ce 铈	Pr 镨	Nd 钕	Pm 钷			
Sm 钐	Eu 铕	Gd 钆	Tb 铽	Y 钇	Mg 镁	Am 镅	Dy 镝	Ho 钬	Er 铒	Tm 铥	Lu 镥	(H) (氢)	Sc 钪	Pu 钚	Th 钍	Np 镎	Be 铍
U 铀	Hf 铪	Al 铝	Ti 钛	Zr 锆	V 钒	Mn 锰	Nb 铌	Zn 锌	Cr 铬	Ga 镓	Fe 铁	Cd 镉	In 铟	Tl 铊	Co 钴		
Ni 镍	Mo 钼	Sn 锡	Tm 铥	Pb 铅	(D_2) (氘分子)	(H_2) (氢分子)	Cu 铜	Tc 锝	Po 钋	Hg 汞	Ag 银	Rh 铑	Pd 钯	Pt 铂	Au 金		

动手做实验

金属疲劳

用力来回弯曲金属曲别针直至曲别针最终断裂。你将注意到，最初金属丝相当柔软，但随着你对曲别针不断弯曲，金属丝就会变得比较硬。最后，曲别针上会出现裂缝并折断。

重复弯曲扰乱了金属丝内部原子的规则排列，导致断层在原子的各层中出现。这些断层使各层不能非常自由地滑动，从而导致金属变脆。科学家将之称为金属疲劳。一些喷气式客机的失事就是由于金属疲劳导致某些部件失效造成的。

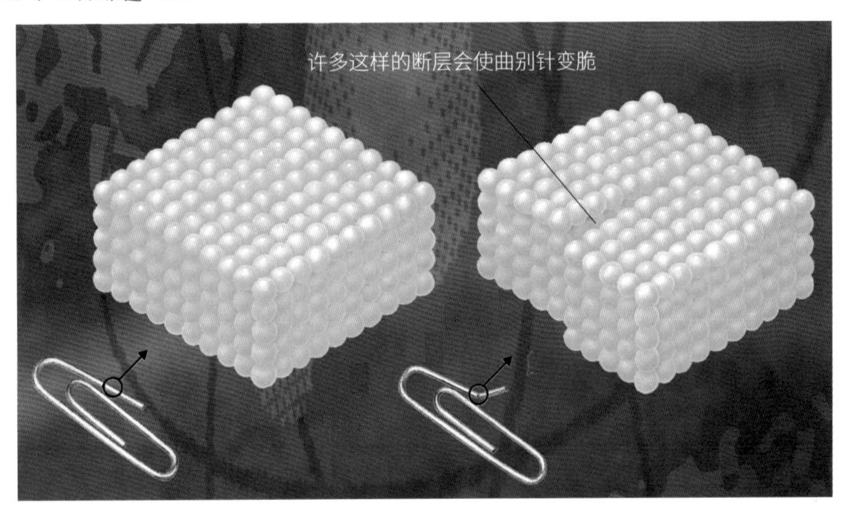

金属的应用

金属和合金具有广泛的用途，这些用途取决于每种金属独特的性能。

铁

铁是一种高密度的银灰色金属。它是所有金属中应用最为广泛的金属。

铝

铝是一种轻的银白色金属。它的应用仅次于铁，在人们需要轻材料时尤其重要，例如在制造飞机部件和轻质梯子时。

铜

铜是软的红黄色金属。它的应用价值很高，因为它具有高导电、导热性，而且易于拉制成管和丝。

锌

锌是灰色的弱金属。在铁的薄片上涂上一薄层锌的过程被称作镀锌。锌会保护铁不受腐蚀。

黄铜

黄铜是铜与锌的合金，黄铜比合成它的两种金属的强度都高，并且更耐腐蚀。它被用来制作船的配件，以及小铃铛和装饰品。

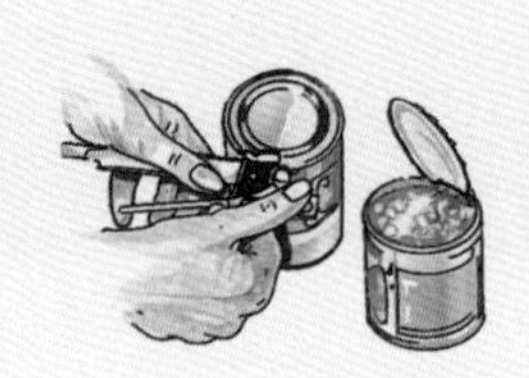

锡

锡是一种明亮的银色金属。“锡”罐是由表面涂了一薄层锡的钢制成的，涂锡的目的是为保护钢不受腐蚀。

铅

铅是一种高密度的、软的灰色金属。它曾被用来制造水管，但因其毒性大而被取代。焊料是一种低熔点的锡铅合金，用于焊接电子元件。

钛

钛是一种轻的、坚固的银白色金属。它被用在喷气发动机和人工焊接点所用的高强度合金中。阿波罗太空舱主要是由钛制造的。

镍

镍是一种硬的银色金属，可进行高度磨光。它被添加到钢中，以提高钢的强度。镍铜合金被用于制造“银”币。

钨

钨是一种脆的灰色金属，具有很高的熔点。它的主要用途是制造灯泡的灯丝。灯丝会在约 3000°C时发出明亮的光。

铬

铬是一种明亮的银色耐腐蚀金属。在 20 世纪 50—60 年代，汽车部件经常被镀上铬，以防止它们生锈。不锈钢包含大约 10% 的铬，以避免生锈。

列表中的锂、钠、钾、铷、铯、钫是碱金属。它们的性质很活泼，在与水接触时会燃烧或爆炸。正因如此，它们在纯金属的状态下很少被人们实际应用。钠和钾之后是易与非金属化合的其他金属，这些金属不是很活泼，包括钙、镁、铝、锌和铅。列表底部是贵金属，主要指金、银和铂族金属（钌、铑、钯、锇、铱、铂）等8种金属元素。它们很难与其他物质形成化合物。

腐蚀

金属与所处环境中的化学品发生的有害反应被称作腐蚀。金属在活性序中的位置决定了它们受腐蚀的难易程度。铁在空气和水存在的情况下容易生锈（氢氧化亚铁）。金几乎不与其他材料反应，这就是埋了几千年的金子挖出后看起来仍然如同新的一样的原因。

引起腐蚀的原因有很多种。钢制船会被盐水腐蚀，铜制圆屋顶会受到煤烟和汽车尾气的腐蚀。就连银也会随着使用时间的增长而失去光泽，必须重新打磨才能使之重现光亮。

◀ 这台旧的蒸汽机生满了锈，这是铁与水和空气中的氧发生反应时生成的。如果铁锈得不到处理，那么原来的金属将最终被彻底毁坏。

非金属

在正常温度下，有一些元素既非金属，也非气体。这些固态非金属元素具有一些很迷人的特性。在它们中，有非常重要的碳元素。碳元素是我们日常生活中的一种基本元素。

在元素周期表中，75% 以上的都是金属。有 11 种是在室温下的非金属——气体。但是有 12 种元素既不是气体，也不是金属。在这 12 种元素中，又有 6 种是非金属的固体，1 种是非金属的液体——溴，其他 5 种通常被称为半金属。

碳：从煤到钻石

▲ 焰火中的黑色火药燃烧，会产生一幅壮观的景象。它里面含有非金属碳和与硝酸钾混合的硫黄。

碳是最重要的非金属固体，是木炭和煤的主要成分。但是，和其他非金属元素一样，碳也具有好几种不同的形式，这被称为同素异形体。在这些不同形式的碳中，碳原子又以不同形式连接在一起。

在最为普通的晶形中，碳看起来并不特别显著。石墨是一种软的、发亮的黑色固体，用于制造铅笔的“铅芯”，或者与油和水混合成为润滑剂，帮助机械零件顺利运转。石墨之所以软，因为它的原子是以薄层的形式排列的。同一薄层内原子间的键很强，但相邻薄层之间的键却是弱的，这使得各层之间容易相互滑动，从而赋予了石墨“滑”（溜）的特性。

碳的其他天然晶形——钻石与石墨明显不同。钻石是坚硬、透明的固体，它所有的原子都通过强键连接成了刚性的、三维空间的网络。这种排列使钻石成为迄今为止人们所知道的最硬的宝石。钻石粉末和一些钻石工具，都被用于磨光和切割工业中。天然钻石是借助地下的高压、高温产生的。钻石宝石是大的单晶。为了将钻石转变成珠宝，未经加工的钻石必须被小心切割，形成一些平的面（刻面）。

事实档案

化学成分 碳（C）
形式 石墨、钻石，以及巴克明斯特·富勒烯
熔点 固体在3700℃时升华（直接从固体变成气体）
沸点 与熔点相同，因为它升华

碳的同素异形体

纯碳以三种不同形式出现，这被称为同素异形体。它们的不同特性是由其内部不同排列的碳原子引起的。

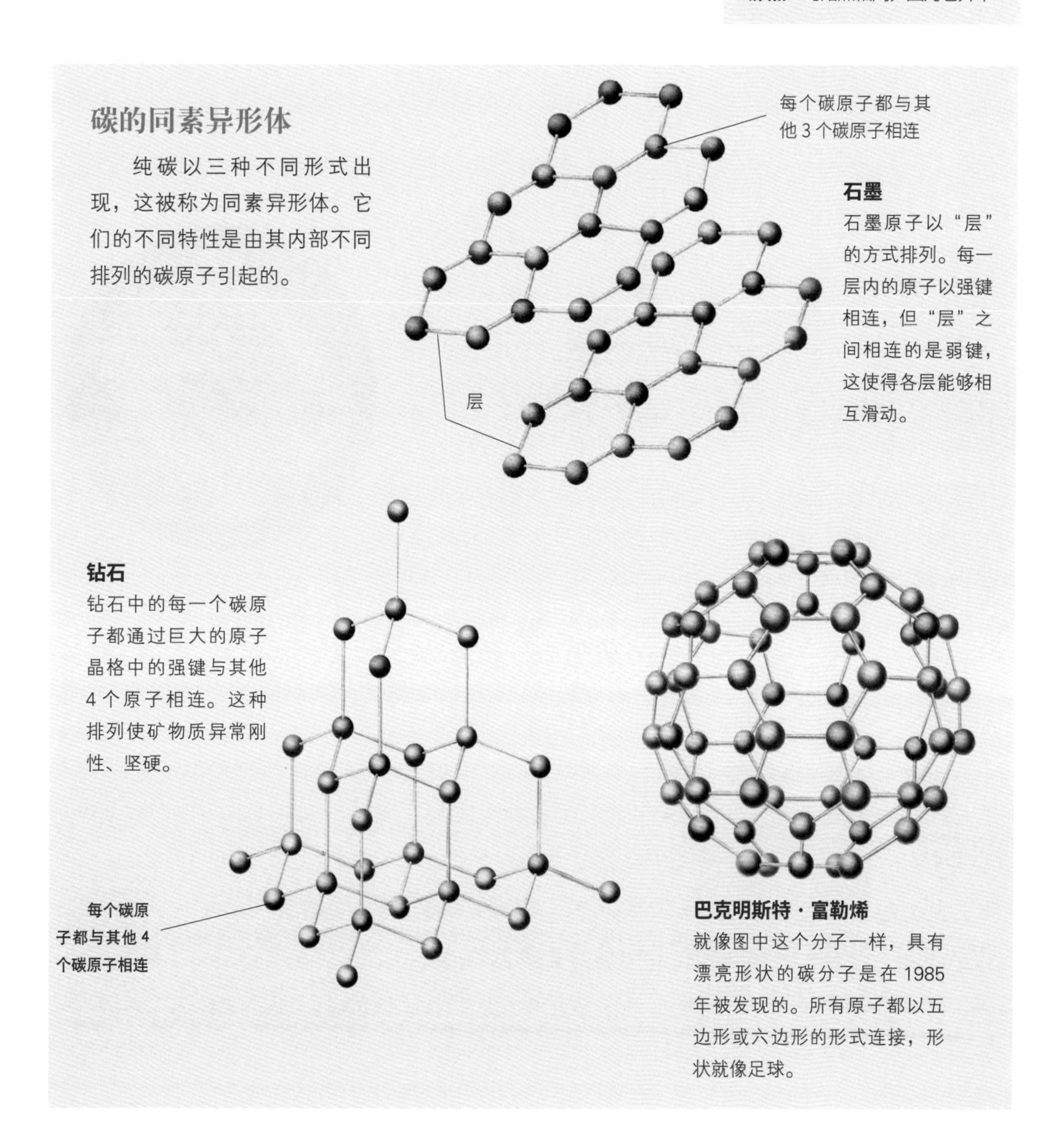

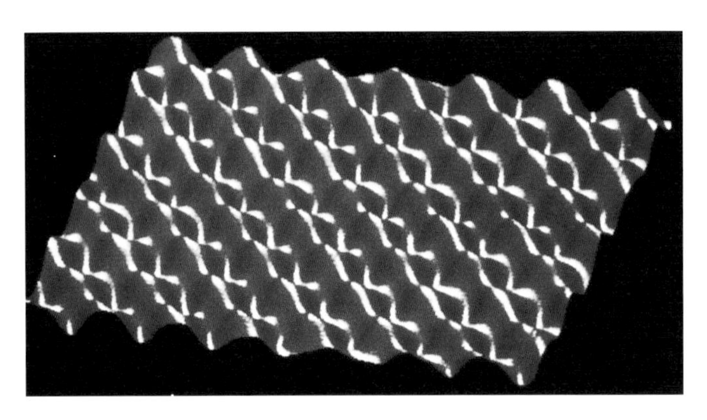

▲ 这幅石墨图片是用高倍扫描显微镜拍摄的，由于显微镜的放大倍数极高，因此我们能看见碳原子。

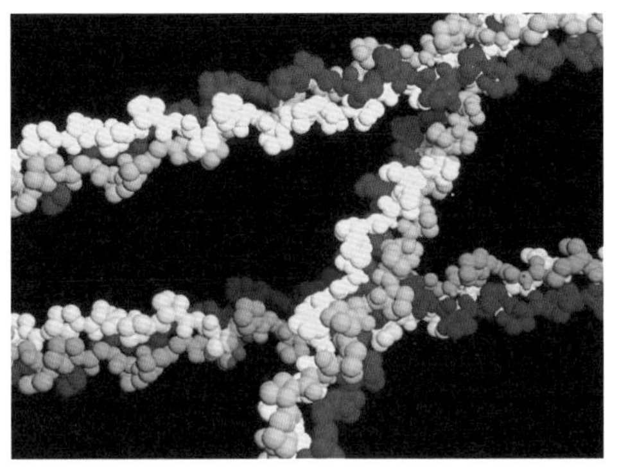

▲ 图中是胶原质分子的计算机图像，胶原质是人体中最普通的蛋白质，它是一种有机化合物，含有大量的碳。

巴克球

1985 年，科学家们发现了一种新的碳的同素异形体。在这种碳中，60 个碳原子构成了一个足球形状的碳分子。它被称为巴克明斯特·富勒烯，简称富勒烯，是以美国工程师巴克明斯特·富勒的名字命名的，他还设计了类似形状的圆屋顶。不过，科学家们根据该元素的分子形状，为它起了一个绰号，叫“巴克球”。

▲ 闪闪发光的八边形钻石展示了这种碳的美丽形状。

生命的化学

碳原子易于与其他元素（如氢、氧、氮）的原子连接，产生各种不同的化合物。这种形式的碳被称为有机碳，关于它的研究被称为有机化学。这是因为以碳原子链和环为基础的复杂分子是生物体的主要成分。人体内含有许多有机碳，这些有机碳可制造出 9000 支铅笔的铅芯。人体中的有机碳以分子的形式存在，从单糖和每个分子中包含 6 ~ 20 个碳原子的脂肪，到由成千上万的原子构成的大量蛋白质分子。

事实档案

化学成分 磷（P）
形式 白磷、红磷、黑磷
熔点 44.2°C（白磷）
沸点 280.4°C（白磷）

有机化合物

有机化合物有几百万种，它含有碳原子——碳原子与其他元素的原子连接形成了链状或者环状。

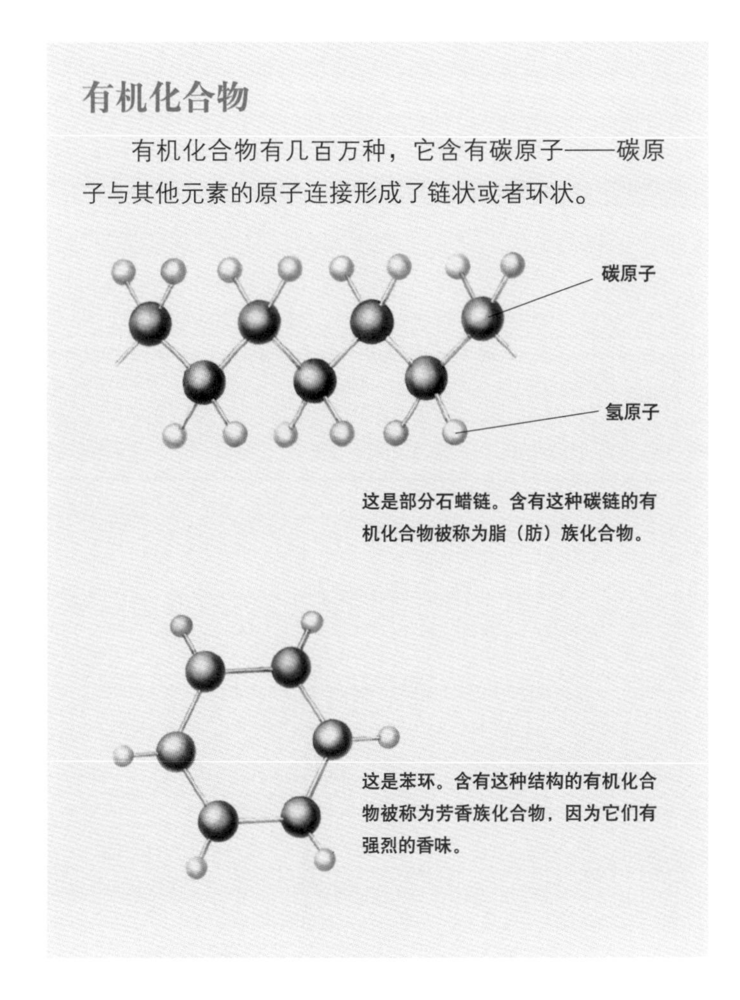

这是部分石蜡链。含有这种碳链的有机化合物被称为脂（肪）族化合物。

这是苯环。含有这种结构的有机化合物被称为芳香族化合物，因为它们有强烈的香味。

▲ 图中是通过显微镜看到的纯硫黄晶体。在化合物中也能发现这种非金属，如硫酸钙。在美国南方的路易斯安那州和得克萨斯州的岩石中，都含有大量硫黄。其他重要的硫黄产地还有日本和西西里岛。

新的有机化合物的制备（合成）是一项主要工业。每年都有数不清的新化合物被合成、检测，看看它们是否有用，包括医药、染料、塑料、调味品、黏合剂、溶剂和杀虫剂。

非金属元素——磷

同碳一样，纯磷也是以一种以上的同素异形体的形式存在的。最普通的形式是白磷。白磷会逐渐变成更稳定的红磷。对白磷加热、加压，会产生黑磷。

所有的磷都易于反应。白磷必须保存在水下，防止其燃烧，因为它容易和空气中的氧反应。红磷是火柴的重要成分，也被人们在海上用于发出遇险信号光，以引起救援者的注意。

生命体中含有磷化合物，如骨头和牙齿，它们是由钙和磷酸盐合成的。磷是 DNA 中的一种元素，而生命体中所有细胞都有 DNA——它携带的遗传密码会将生命体的特征一代又一代地

金属、半金属，还是非金属

在金属中，外部电子能从原子中逃逸出去并自由移动。这些自由电子携带着电流。金属被加热时，电阻增大，因为越来越强的原子振动使电子很难在原子结构中到处移动。

在半金属中，大多数电子受缚于原子，但仍有少数电子携带电流逃逸出去。半金属被加热时，更多的电子携带电流逃逸出去。因此，虽然在加热时原子振动很快，但电阻也会降低。

在非金属中，所有电子都被牢牢束缚在原子间的化学键上，因此电流不会通过它们流动。所有非金属，除了碳，都是电绝缘体。

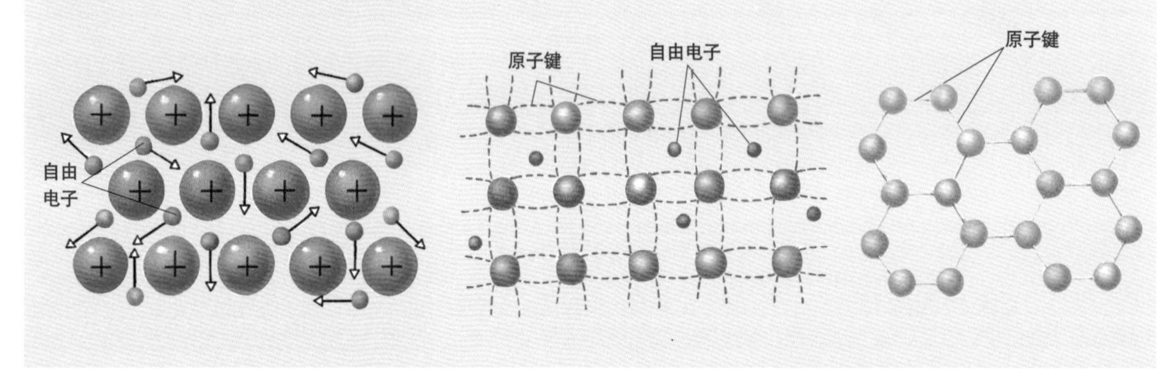

传递下去。三磷酸腺苷（ATP）和二磷酸腺苷（ADP）是较小的含磷分子，影响着呼吸作用。它们在植物和动物释放能量的化学反应中充当中间体。植物从土壤中获得磷，磷酸盐肥料有助于植物的生长。

磷酸盐化合物还被添加到洗衣粉和洗衣液中，使水软化，但是它们会引起污染，从而使河流中的水藻生长过快。如果水藻用尽了河流中的氧，鱼儿就会死亡。因此，现在的厂商一般都会生产无磷洗涤产品。我们甚至可能经常饮用磷，磷酸使可乐具有一种独特的味道！

▲ 当被加热时，碘晶体升华（直接从固体变成气体）。气体冷却时，会重新结晶为固体，因为碘不能在液体状态下存在。

硫黄

在火山岩中可以发现硫黄的天然晶体，还可以通过向岩石中泵入高压蒸汽使硫黄溶化的方法来提取硫黄。这个过程被称为“弗拉施法”。硫黄中的原子以 8 的环状形式排列。这些环可以以两种方式堆叠在一起，形成菱形硫黄或单斜晶的硫黄。

纯硫黄被用来制造黑火药，这是中国人在 1000 年左右发明的，如今焰火生产中还在使用。硫黄燃烧时会产生有毒气体——二氧化硫。燃烧含有硫黄的煤或燃放烟花爆竹，就会产生二氧化硫。二氧化硫是一种主要污染物，因为它会溶解在空气中的水滴里，形成酸雨。

硫酸是氧、水、硫反应而成的，是用工业化的手段生产出来的。硫酸在许多工业中很重要，包括染料、油漆、清洁剂制造。它也是汽车电池中用的酸。

硫是许多蛋白分子中的一种元素，因此，有机物腐烂后经常会产生“臭鸡蛋”味气体——硫化氢。

自己做实验

碳电阻器

石墨是一种非金属的电导体。电子能够轻易地在各原子层内流动，但不能在原子层之间流动。因此，石墨的导电性不如大多数金属。这一点可以通过制作一个可变电阻来证明。劈开一支铅笔，露出里面的铅芯，然后做一个电路。将电线的一端沿石墨滑动产生电流，此时，你会看到灯泡亮度的变化。

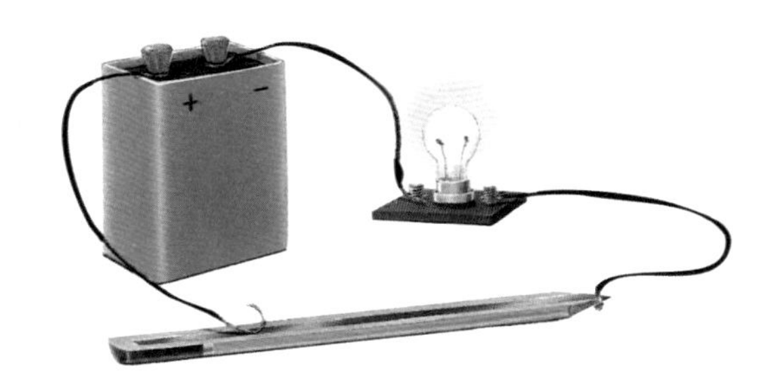

非金属元素——硒

硒是一种非金属元素，许多方面都与硫相似。被称为金属硒的灰色硒，暴露在光线下时会变成电导体。硒也被用来制造打印机中的硒鼓和摄影用的曝光表。

事实档案

化学成分 硫黄（S）

形式 菱形、单斜晶

熔点 115°C（菱形）

沸点 444.7°C

溴、碘、砹

溴、碘、砹都是卤素（其他两种卤素——氟和氯是气体）。所有卤素都有毒（碘是人体中必需的微量元素，但摄入过多也会中毒），易于发生反应，能形成许多不同的化合物。

溴是一种暗红色液体。它被用来制造染料和燃料添加剂。化合物溴化银暴露在光线下时会变黑，因此被用于摄影。碘能形成黑紫色晶体。当晶体被加热时，它们直接变成黑紫色气体。

这个过程被称为升华。最重的卤素是砹，它是一种稀有的放射性固体。

半金属

半金属（硼、硅、锗、砷、碲）的性能介于金属和固体非金属之间。它们导电，但没有真正金属的导电性好，因此被称为半导体。它们外观各异，既有褐色粉末状的硼，也有脆的、银白色的固体——碲。

现代电子技术是以半导体元件为基础的，这些元件被用于控制电流、处理信号、检测并产生光。超纯硅晶片是计算机微芯片生产的起点。将铝、磷之类的少量材料添加到晶片中，可以控制晶片的电性能。这个过程被称为（半导体）掺杂（质）。然后，数千个精微元件就在每一个晶片的表面形成了。

化学键和化学反应

是什么使你不会穿过地板跌下去？是什么赋予了钢强度？是什么使氢和氧反应生成水？又是什么使元素周期表中的100多种化学元素结合成几百万种不同的化合物？答案就是化学键。

化学键是在所有发生接触的原子间形成的连接。有些连接十分微弱，例如氦原子只是轻微地互相吸引。如果将液氦“加热”到绝对零度（热力学最低温度）以上仅仅几度，氦原子就会逸散开，液体就会沸腾成气体。还有些连接是很强的，比如碳纤维原子间的化学键特别强，以至于一层薄薄的轻质碳纤维车身外壳就可以保护以240千米/时的速度发生撞车的赛车手。

电子“胶水”

使原子结合在一起的原子间作用力都是由原子内电子和质子的电荷产生的。原子通常有带负电的电子围绕原子核旋转，电子数与原子核内带正电的质子数目相同。当原子相互接触时，

▼ 这辆梦幻汽车——麦克拉伦F1，它可不仅仅是好看。它流线型的车身是由碳纤维制造的。由于碳原子间的强化学键，碳纤维的强度比钢高8倍。

原子力

所有原子都是由原子核和电子组成的，原子核包含一个或多个带正电的质子，相同数量的带负电的电子围绕原子核旋转。数量相等但电性相反的电荷相互吸引，使原子结合在一起。

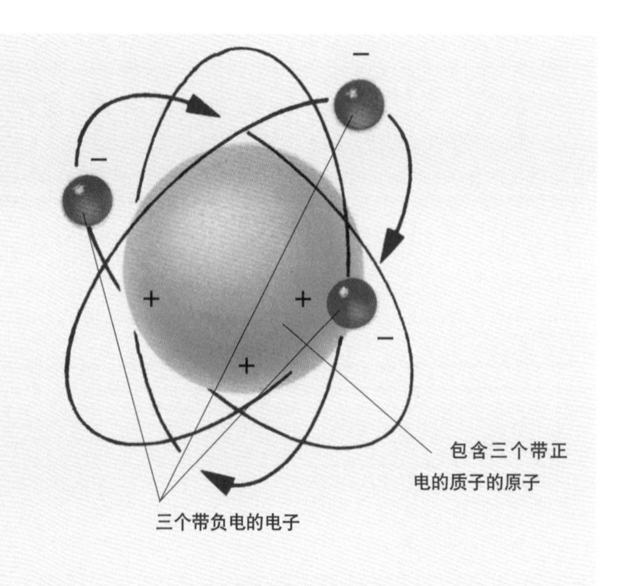

电子就能以不同的方式改变自身的旋转轨道，从而在原子间形成不同的化学键。

化学反应

在烤炉中烤制蛋糕，绿叶利用太阳光的能量为生长中的植物制造食物，在化学溶液槽中冲洗胶片，这些都是化学反应的例子。在一个化学反应中，原子间的化学键会断裂，并形成新的化学键。可能大家所熟知的最明显的化学反应就是燃烧。当金属镁燃烧并产生强烈的白光时，其实是镁原子和来自空气中的氧原子发生了化学反应。镁原子间的金属键断裂，并与氧原子形成新的离子键。反应产物是热、光和一种白色粉末——氧化镁。

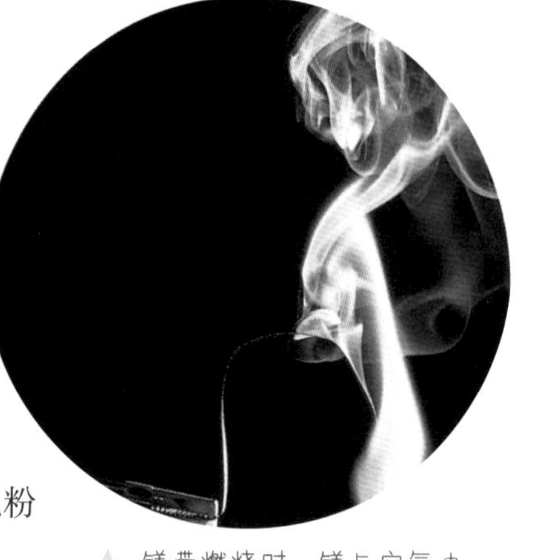

▲ 镁带燃烧时，镁与空气中的氧气发生反应，产生大量的氧化镁烟雾。

氧化和还原

氧是一种非常活泼的元素，可以和许多元素及化合物形成化学键或者发生化学键断裂。化学物质与氧结合的反应被称为氧化反应。氧化反应可以缓慢进行，比如脂肪与氧气发生反应使食物腐烂的过程；也可以剧烈爆发，比如当点燃一罐汽油时，汽油会在片刻间爆炸。

还原反应是氧化反应的逆反应，是氧元素从化合物中分离出来时所发生的反应。例如从

化学键的类型

原子能以三种不同的方式结合：离子键、共价键和金属键。另外，还有一种弱的、第四类化学键——范德华键存在于所有原子之间。

离子键

在离子键中，原子会获得电子，成为带负电荷的离子，或失去电子，成为带正电荷的离子。带相反电荷的离子强烈吸引在一起。当钠这样的金属原子与氯这样的卤素接近时，电子就从钠原子转移到氯原子。在氯化钠（普通食盐）晶体中，带正电的钠离子和带负电的氯离子相互环绕在巨大的离子晶格中。

▲ 图为氯化钠（普通食盐）晶体的假色图像，它们和在扫描电子显微镜下看到的一样。

氯分子——共价键

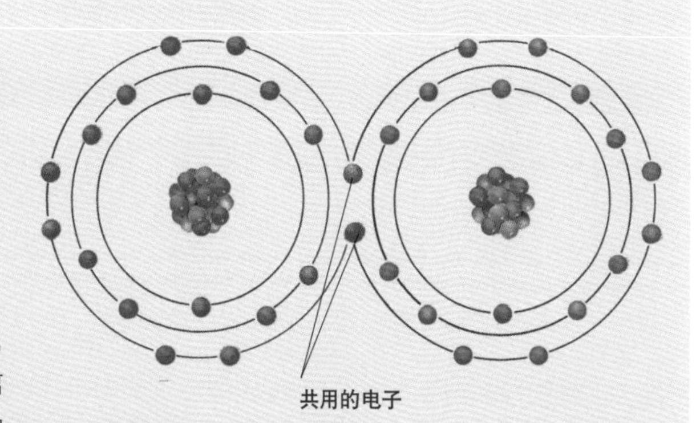

共价键

相同的原子间也能形成化学键。当两个氯原子彼此接近时，它们最外层的电子会转移到围绕两个原子核旋转的新轨道上来，因此，每个原子的电子由两个原子共用。由于这些共用电子同时被两个原子核所吸引，所以它们将两个原子结合在一起。原子间的这种结合方式被称为共价键。两个氯原子共用一对电子，形成一个氯气分子。一些元素的原子能与两个或更多其他原子形成共价键。例如，硫能形成 2 个共价键，硼能形成 3 个共价键，碳能形成 4 个共价键。

氯化钠晶格

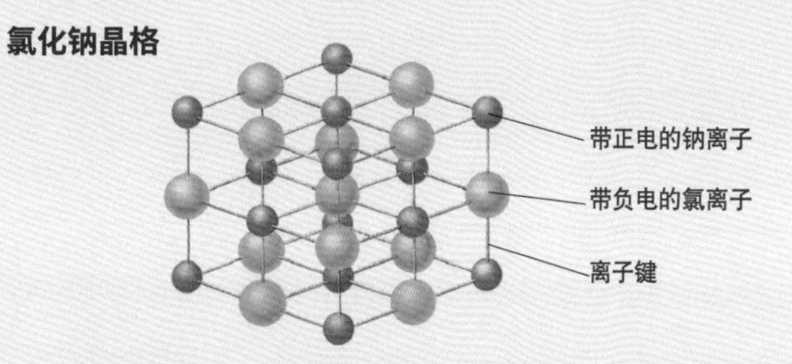

氯化钠——离子键

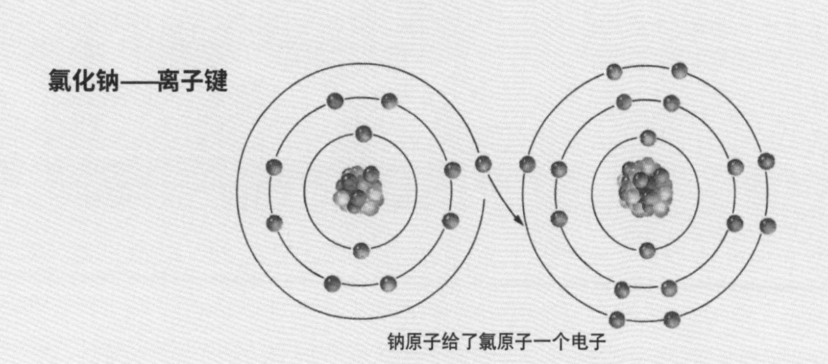

范德华键

稀有气体（又叫惰性气体）的原子既不得失电子，也不共用电子，所以它们不会形成前面所描述的三种强化学键中的任何一种。但它们确实微弱地互相吸引，并形成范德华键。所有原子和分子之间都存在范德华键。不同原子中带负电荷的电子相互排斥，尽可能地远离对方。同时，它们会吸引其他原子中带正电的原子核。结果，原子通过一种微弱的吸引力结合在一起。范德华键使石蜡的长链分子能够发生相对滑动，从而赋予了石蜡光滑的质地。

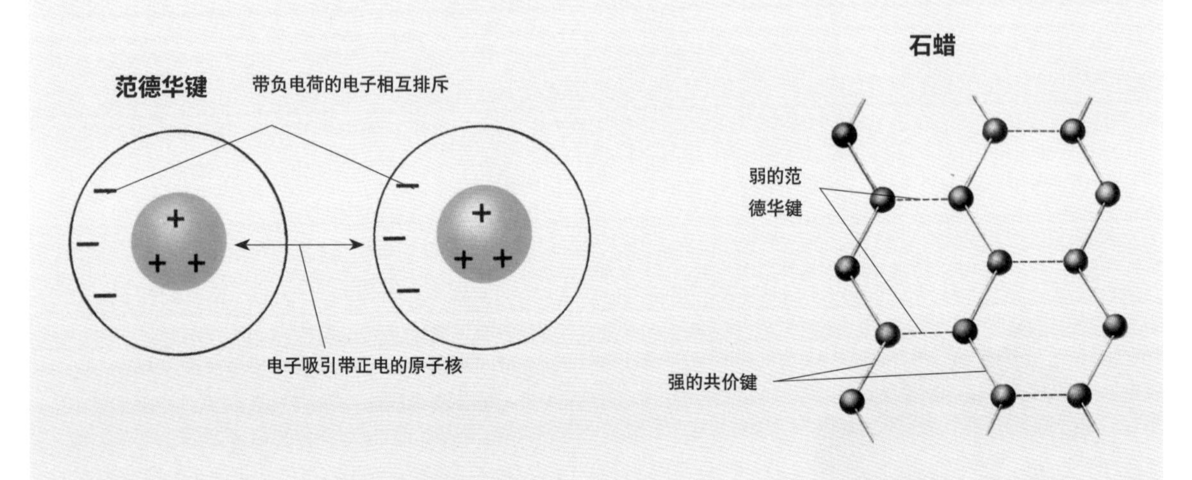

金属键

金属原子很容易失去电子，形成正离子。例如在一块纯金属钠中，逃逸出来的电子像海水一样在钠离子间流动，带正电的金属离子因共同吸引这些电子而结合在一起。金属原子的这种结合方式被称为金属键。由于自由电子的存在，金属是优良的电和热的导体。金属原子不形成分子，而是结合在巨大的金属晶格里。

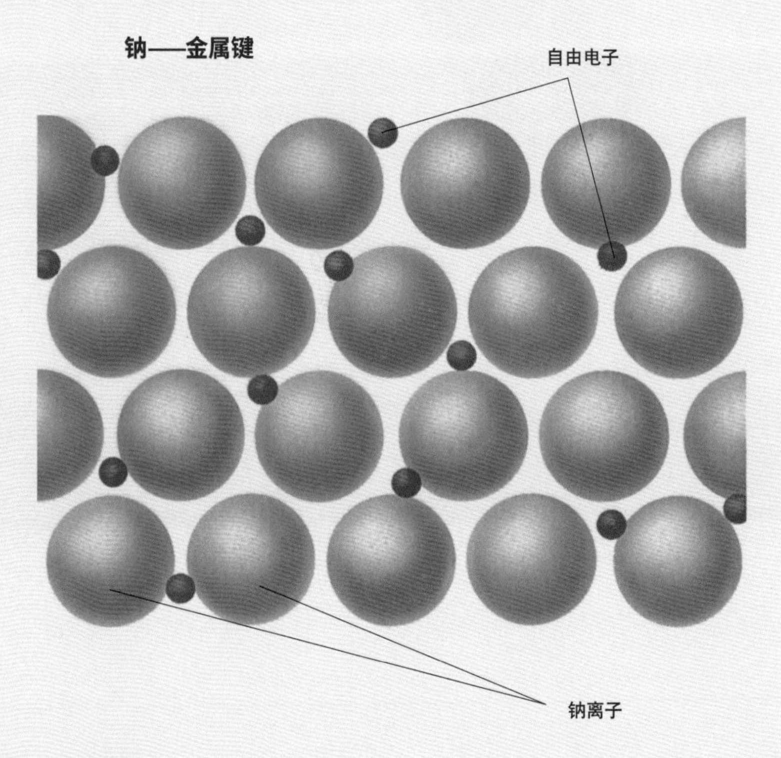

地壳中挖掘出来的许多金属都是以氧化物的形式与氧结合的，最普通的例子是三氧化二铁中的铁。纯铁要通过在鼓风炉中加热与碳混合的矿石而分离出来。氧与碳结合的强度要比氧与金属结合的强度大，因此，氧从金属转移到碳。在金属被还原的同时，碳被氧化了。

厨房化学

我们制作蛋糕时，首先要混合原料（反应物）。多数蛋糕原料需要在烤炉中加热才能烤熟。加热使原料分子内的化学键断裂，随后与其他分子形成新键，生成蛋糕（反应产物）。烘烤过程中发生反应的分子很大而且复杂，但是它们和简单的化学反应一样，遵循相同的化学键断裂及生成的程序。对单一的原料进行加热，如肉或鸡蛋，也可以发生化学反应。

你知道吗?

发酵

通过一种叫作“发酵”的化学反应，制成了一些我们最喜爱的食物，如面包和蓝纹奶酪，以及饮料，如葡萄酒和啤酒。在制作面包时，要在含有面粉、糖和水的生面团中，加入一种被称作酵母的微小真菌。把面团放到暖和的地方后，酵母就会与其他成分反应生成二氧化碳（CO_2）和水。二氧化碳会使面包膨胀起来。

在制作葡萄酒的过程中，含有野生酵母菌和糖类的水果被密封在容器中，水果会发酵产生二氧化碳和酒精。青霉菌在普通奶酪中发酵，就会产生与众不同的蓝纹奶酪。

▲ 燃烧是一种氧化反应，在反应中，燃料如木材、汽油或煤，与空气中的氧气反应，以热和光的形式释放出能量。但只有先提供热量，这个反应才会开始。

吸热和放热

在化学反应中，化学键断裂需要吸收能量，而新键形成会释放能量。要想使冰融化，必须提供热量。热量使冰结构中把水分子结合在一起的偶极键断裂。像这种吸收热量的反应被称为吸热反应。但是当化学键形

大开眼界

捷径

一种叫作催化剂的物质可被用于加快化学反应的速率，而催化剂本身并不发生变化。加入催化剂是为了减少开始反应所需的能量，即“能峰”。为了节省化工厂的时间和金钱，催化剂在工业中广泛使用。现代化工厂中大约90%的反应都要使用催化剂。

在食物的原料随着加热而结合在一起的过程中，发生了许多个化学反应。在制作面包时，加入酵母会产生一种特殊反应，称为发酵，它会使面包膨胀起来。

化合价

原子的化合价取决于它与其他原子形成化学键时所失去、获得或共用的电子数。在水分子中，每个氢原子只有一个可以共用的电子，只能形成一个化学键（氢的化合价为1）；但一个氧原子可与两个氢原子共用电子，形成两个化学键（氧的化合价为2）。

一些原子能以不同的化合价成键。例如铁能失去2个或3个电子，形成带2个或3个正电荷的铁离子。在一氧化铁中，每1个铁原子转移2个电子给1个氧原子。在三氧化二铁中，来自2个铁原子的6个电子被3个氧原子共用。

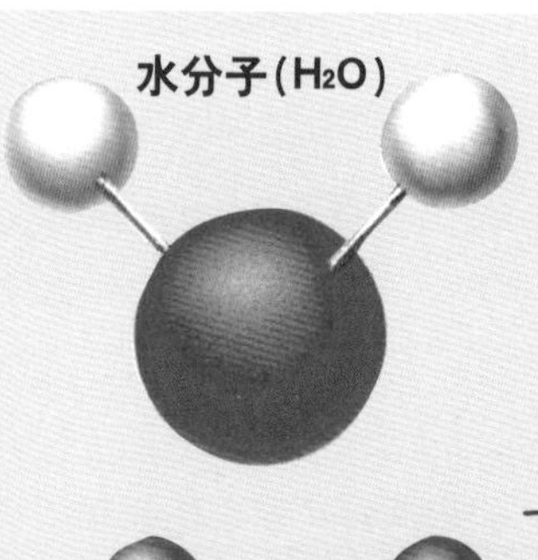

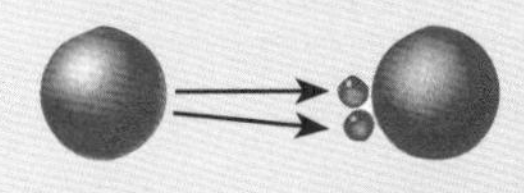

一氧化铁

在这个化合物中，每个铁原子贡献两个电子给1个氧原子，形成两个键。

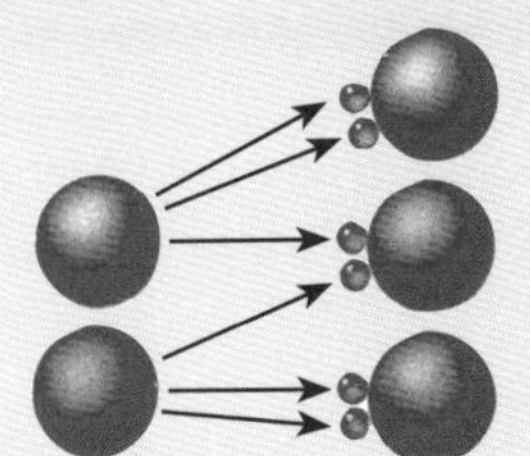

三氧化二铁

在这个化合物中，每1个铁原子贡献出3个电子给氧原子，形成3个键。

越过能峰

有些化学反应虽然是放热反应，但却需要热能来引发反应。例如，必须用火柴来点火。但一旦反应开始进行，自身就会放出热量。这就好比一座“能峰”或“能障”，要先越过它，反应才能在另一侧顺利进行下去。

当反应物温度升高，有了更多的能量来爬这座能峰时，这类反应的速度就会加快。这就是高压锅中的食物比敞口的平底锅中的食物熟得快的原因——高压锅中的温度更高。

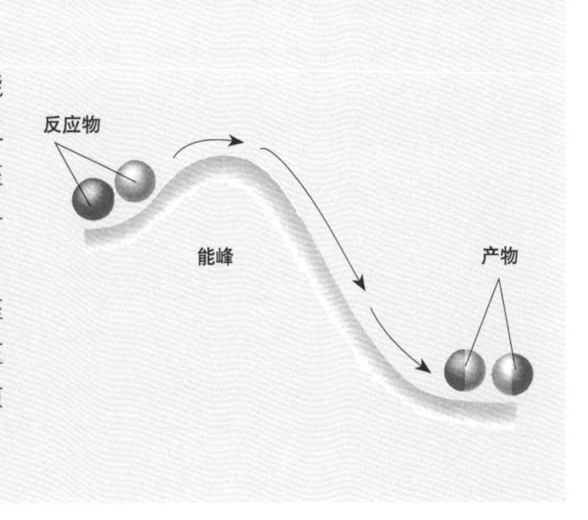

▲ 大规模的化学反应可以生产出工业用的化学品。在大型化工厂，压力、热量和反应物的浓度都受到精确的控制，以得到理想的反应产物。

成时，如烧煤时碳原子和氧原子间形成化学键，会释放出大量的热。释放热量的反应被称为放热反应。

前进和后退

一旦一些反应已经发生，就无法逆转。已点燃的火柴无法恢复到未燃时的状态，已烤熟的蛋糕也无法回到烤熟前的状态。这些反应被说成是不可逆的。

然而，有些反应是可逆的，可以通过逆转引发反应的因素而回到原来的状态。例如在密封玻璃试管中加热无色气体四氧化二氮时，一个四氧化二氮分子会分裂成两个二氧化氮分子，生成红褐色的二氧化氮气体。当玻璃试管冷却时，随着反应的逆向进行，颜色会逐渐消失。

酸和碱

柠檬汁和醋的刺激性味道与碳酸氢钠和肥皂的苦味形成了鲜明的对比。柠檬汁和醋是酸性的，碳酸氢钠和肥皂是碱性的。

酸和碱都是活泼的化合物。像柠檬汁这样的弱酸和像碳酸氢钠这样的弱碱可以安全地使用，甚至可以食用。但是像硫酸和硝酸这样的强酸，以及像氢氧化钠和氢氧化钾这样的强碱，都是极其危险的化学物质，与人的皮肤接触会发生化学反应并造成严重烧伤。

人们一度将碱定义为一种能够中和酸（降低酸的强度）的化学物质。酸和碱之间的化学反应是很剧烈的，如果你将食醋（乙酸）洒在碳酸氢钠上，就能看到这种剧烈的反应。反应会同时降低酸和碱的强度，直至二者完全中和。

什么是酸

酸是一种能够释放出正价氢离子的物质。当酸溶解在水中时，酸中的氢离子（H^+）会与中性水分子（H_2O）结合，形成正价 H_3O^+ 离子。一种物质能够释放出的氢离子越多，它的酸性就越强。强酸能溶解大多数金属，生成氢气和相应的金属盐。由于这个特性，强酸被用来蚀刻电路板和印刷板上的纹路。

什么是碱

碱是一种能够释放出负价氢氧根（OH^-）离子的物质。碱溶于水中能分解出 OH^- 离子，或吸引中性水分子中的正价氢离子，把 OH^- 离子留在

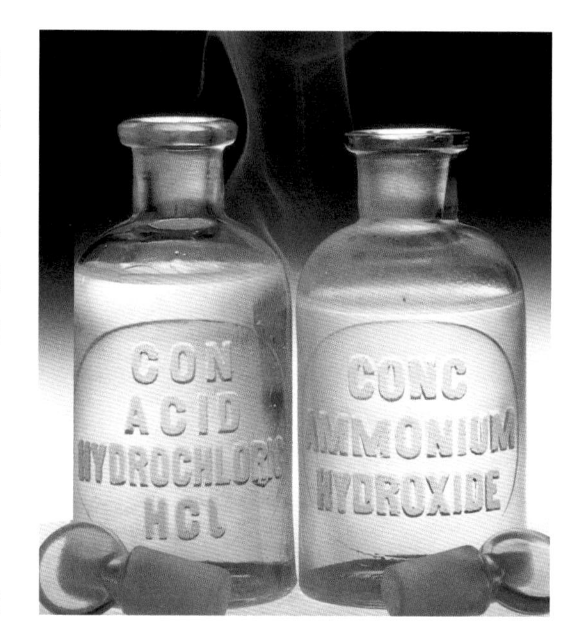

▲ 浓盐酸挥发出的氯化氢气体和氢氧化铵（一种碱）浓溶液反应，生成白色雾状的氯化铵和水。

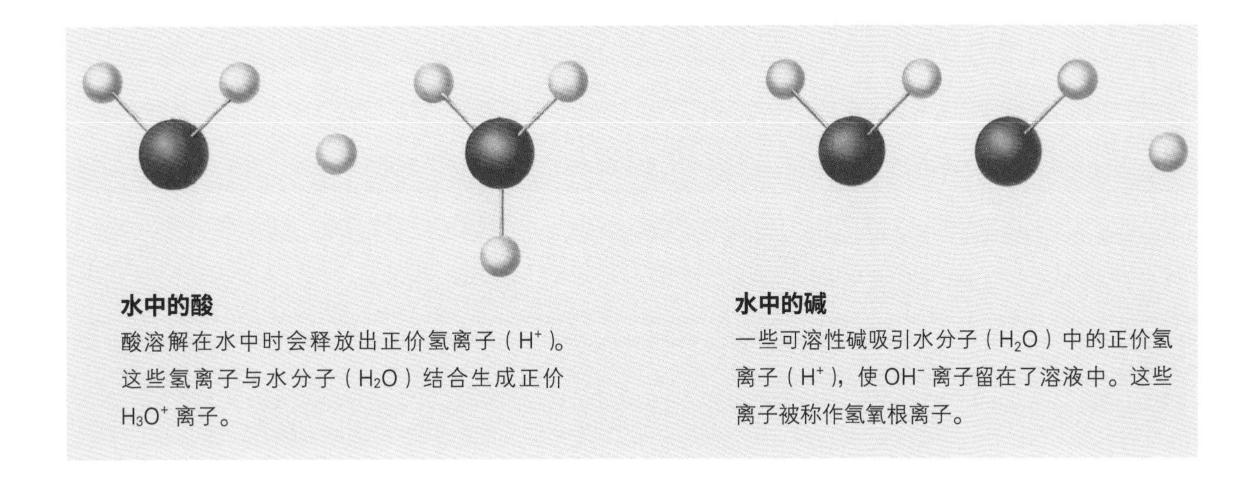

水中的酸
酸溶解在水中时会释放出正价氢离子（H^+）。这些氢离子与水分子（H_2O）结合生成正价 H_3O^+ 离子。

水中的碱
一些可溶性碱吸引水分子（H_2O）中的正价氢离子（H^+），使 OH^- 离子留在了溶液中。这些离子被称作氢氧根离子。

溶液中。一种物质产生的 OH^- 离子越多，它的碱性就越强。碱性化合物通常摸起来比较滑，因为碱会与皮肤中的脂肪发生反应，生成一种脂肪酸盐，这是肥皂的主要成分。强碱具有腐蚀性，能溶解油和脂肪，因此常用作厨房清洁剂。

pH

酸和碱的强度可以用 pH 来表示。pH 取决于一种物质所释放出的氢离子数。氢离子越多，pH 越小。纯水的 pH 为 7，既不呈酸性也不呈碱性，也就是说 pH 为 7 的溶液是中性的，pH 小于 7 的溶液是酸性的，pH 大于 7 的溶液是碱性的。

生物体内的各种复杂的化学反应都是在一个很小的 pH 范围内发生的。例如人体血液的正常 pH 是 7.4，如果降到 6.8 以下或升到 7.7 以上，人就会病得非常厉害。因此医院必须严格控制通过点滴输入病人血液中的药液的 pH。这可以通过加入缓冲剂来实现，缓冲剂能够平衡 pH 的任何变化，使 pH 维持恒定。人体内的血液本身就具有缓冲能力。

水生生物对环境的 pH 很敏感。例如大马哈鱼在 pH 低于 4.6 的水中就无法生存，而鳟鱼则能够忍受 pH 为 3.9 的酸度。所以，含有硫酸的酸雨可以使斯堪的纳维亚地区的许多湖泊水质十分澄清，却没有任何生命的踪迹。

蜇刺

毒囊

▲ 某些昆虫的蜇刺中的毒液呈酸性或碱性，被带酸性毒液的蜇刺蜇到以后可以用碱来中和，如肥皂；如果是碱性毒液则可以用酸来中和，如醋。

中和反应

当酸溶液与碱溶液反应时，这两种物质会发生中和，生成水和一种叫作盐的化学物质。因此，两种危险的化学物质氢氧化钠和盐酸可以发生反应，生成氯化钠（普通盐）和水。这一反应过程被称作中和反应。

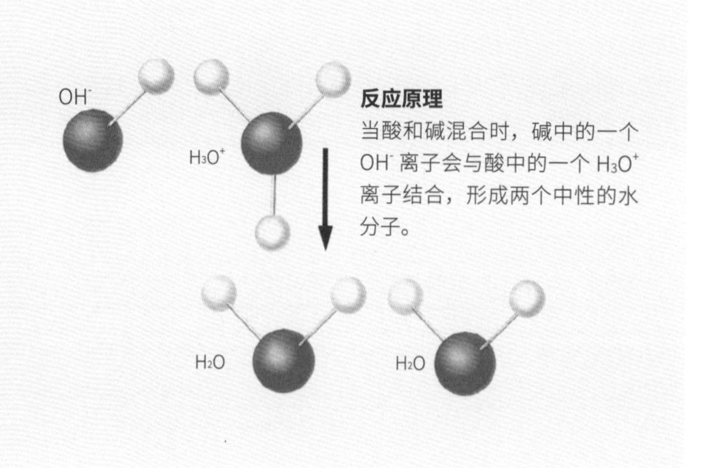

反应原理

当酸和碱混合时，碱中的一个 OH^- 离子会与酸中的一个 H_3O^+ 离子结合，形成两个中性的水分子。

▲ 强酸和强碱会腐蚀人的皮肤，为避免发生意外，盛有强酸和强碱的容器上常会贴有像这样的警告标签。

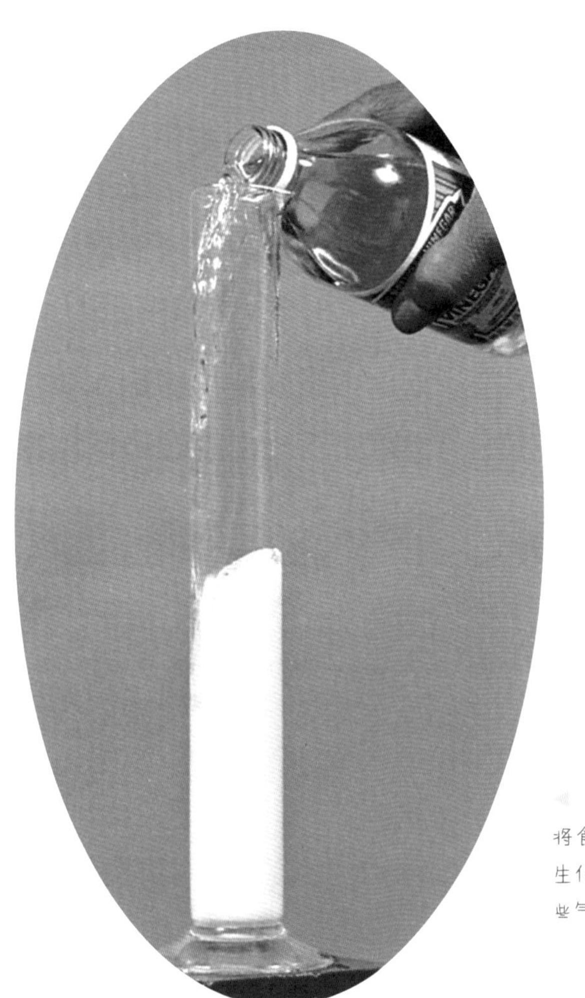

◀ 当酸和碱混合时，它们会互相中和。如果你将食醋（乙酸）倒在碳酸氢钠上，二者就会发生化学反应从而生成大量的二氧化碳气体，这些气体会在容器中发出很大的嘶嘶声。

指示剂

八仙花是花园里的一种普通灌木，生长在酸性土壤中开出的花是蓝色的，生长在碱性土壤中开出的花是红色的。花朵的颜色就是土壤酸碱度的指示剂。像八仙花花朵中的这种随 pH 而变色的化学物质在化学实验室中被用作指示剂。它们使得科学家可以测定 pH，并判断酸碱中和反应何时达到平衡。

例如石蕊是一种从地衣中提取出来的有色化合物。石蕊试纸在酸性条件下呈红色，在碱性条件下呈蓝色。不同的指示剂可以用来测定不同范围的 pH。例如酚酞的 pH 在 8 到 6 之间时，颜色会从红色变为黄色；甲基紫的 pH 在 2 到 0 之间时，颜色会从紫色变为黄色。

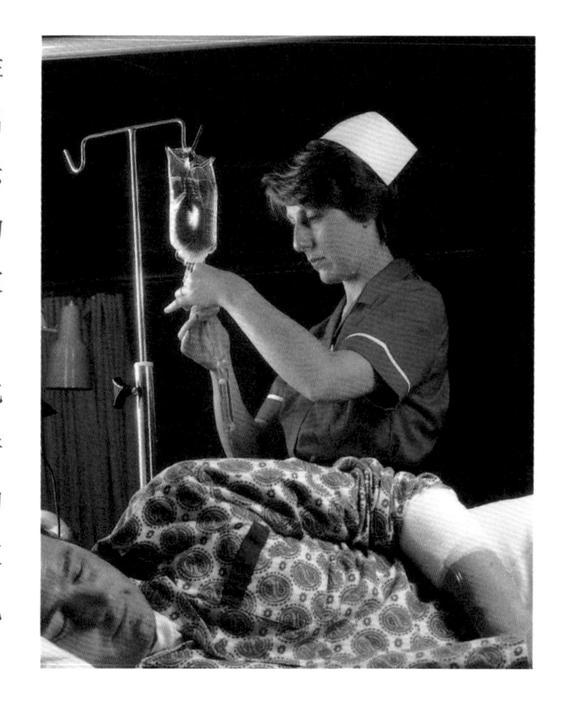

▲ 生理盐水（盐溶液）有时会被注射到病人体内，补充因脱水而流失掉的体液。注射生理盐水时需要小心地加入缓冲剂。

一些农作物在酸性土壤中生长得比较好，另一些则偏爱碱性条件。园艺师常用通用指示剂溶液测定土壤的 pH。这种溶液包含多种指示剂成分，可以根据 pH 做出一系列颜色变化。如果土壤酸性太大，可用熟石灰（氢氧化钙）来降低。如果土壤碱性太大，那可用石膏肥料、粪肥或堆肥来降低。

在实验室中，科学家常使用酸度计（pH 计）来检测物质的 pH。酸度计可以通过电极来测定溶液中的氢离子浓度，并给出精确的 pH 读数。

自我观察

甘蓝试验

在厨房里用水煮一些甘蓝，制作成你自己的pH指示剂。将甘蓝水分别倒入三个广口瓶中。一个广口瓶中加入酸（食醋或柠檬汁），另一个广口瓶中加入碱（洗涤碱或治疗消化不良的药片），第三个广口瓶留作"对照瓶"，什么都不加，因此该瓶中的液体颜色应该保持不变——如果它变色了，那你肯定是哪些地方弄错了！注意其他两瓶中的颜色变化。

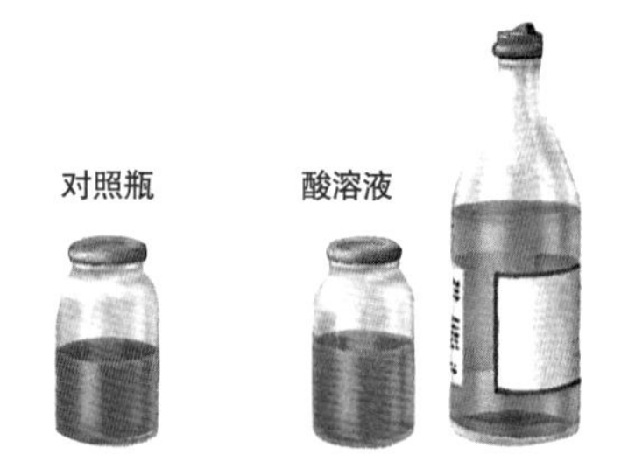

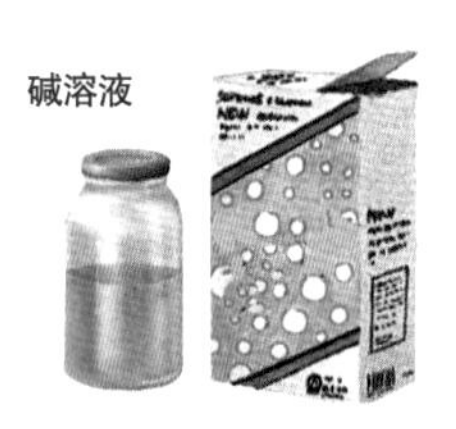

指示剂

一些物质，即指示剂，在加入不同pH的酸或碱时会发生颜色变化。因此这些物质可用于测量pH。通用的指示剂是多种染料的混合物，能产生一系列渐变的颜色。石蕊试剂在碱性溶液中会变成蓝色，在酸性溶液中则会变成红色。

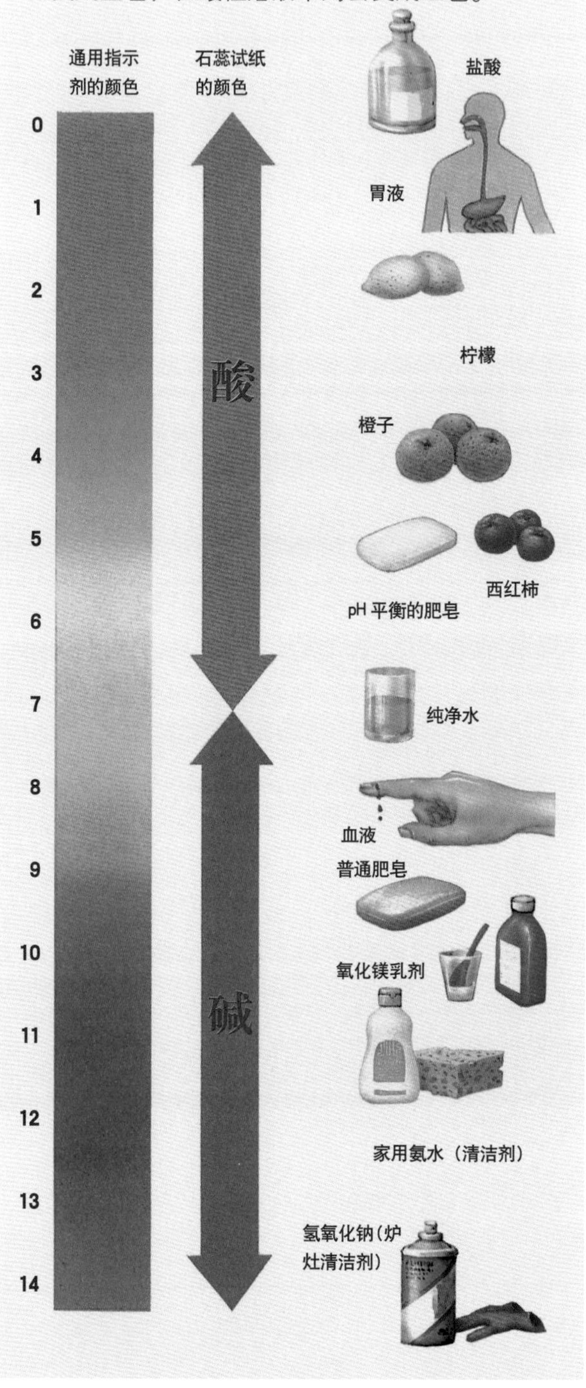

酸的用途

酸有很多种，并且具有许多日常用途。下面介绍的是一些最常用的酸。

硫酸

硫酸是工业上使用最广泛的一种化学物质。它出现在数百种化学工艺当中，包括肥料和油漆的生产。它也是汽车电池中使用的酸。

磷酸

磷酸也被广泛应用于工业，是仅次于硫酸的第二大工业用酸。它主要用于制造磷酸盐肥料，但有时也会用于加工食品。可乐中就加有磷酸，它可以使可乐产生辛辣的口感。

硝酸

这种强酸被用来制造染料、肥料、药品和炸药，如硝化甘油。它也被用来溶解金属，从而将金属从混合物和矿石中提炼出来。

蚁酸（甲酸）

这是一种由咬人的蚂蚁和刺人的荨麻（图中荨麻被放大了，以显示它的毛刺）释放出的有刺激性气味的酸。它用于造纸和纺织品生产，也可用来防止尚未成熟就被储存起来作动物饲料的草腐烂。

醋酸（乙酸）

这是存在于食醋中的一种弱酸。它是由酒精（如葡萄酒中的酒精），被空气中的氧气氧化而产生的。它可以为食品保鲜，这种方法叫作浸酸。因为使食物变质的细菌在酸性条件下无法存活。

柠檬酸

这种弱酸使橘子和柠檬等柑橘类水果具有爽口的味道。它也能用作防腐剂。将柠檬汁挤在水果沙拉上可以防止水果被氧化而变成褐色。和所有的酸一样，柠檬酸也能使石蕊试纸变红。

碱的用途

碱也被广泛应用于工业、农业和家庭生活中。下面举 4 个例子。

氢氧化钠（苛性钠）
将这种强碱与动物脂肪和植物油一起煮可以制作出肥皂。它有时也被用作清洁剂，除去厨房里的食物污渍。

氢氧化钙（熟石灰）
园艺师和农民将强碱熟石灰撒在土壤上，以降低土壤的酸性。许多植物，如卷心菜，都无法在酸性土壤中良好生长。

氢氧化镁
这种弱碱常被制成氧化镁乳剂，用于治疗由酸性胃液引起的消化不良。胃酸还会使胃部产生烧灼感，碱性药物可以中和胃酸，从而缓解症状。

氢氧化铵
氨气溶解在水中会生成一种称作氢氧化铵的弱碱。它是许多清洁剂的主要成分，在一些金属上光剂中，也含有氢氧化铵。

钠和氯

钠是一种危险的活性金属，氯是一种有毒的气体，但是它们可以来源于维持人体生存必不可少的一种化合物——盐。盐也被称为氯化钠。

据估计，盐有1.6万种不同的用途。其中大多数用途都是用组成它们的元素（钠和氯）来制造化合物。塑料、橡胶、漂白剂、玻璃、清洁剂、杀虫剂，以及石油的化学制剂，都是用氯和钠制造出来的众多产品中的一部分。

制造钠和氯的原料——盐非常丰富。对海水进行曝晒蒸发，或者开采沉积于地下的石盐，都能获得盐。

▲ 在许多街灯的灯管内部，都有钠蒸汽。当电流通过灯管内部的钠蒸汽时，原子会来来回回地运动，并发出橘黄色的光。

在发电时，来自太阳能电池的能量，会使中心塔内的液态钠加热，从而产生电流。

提炼钠

通过在道恩电池（Down's cell）中的电解作用，钠从矿盐中被提炼出来。盐是一种离子化合物，这意味着它也是一种电解质。当它熔化时，它就能在电极之间传导电流。带正电的钠离子运动到阴极，并在阴极得到额外的电子；带负电的氯离子移动到阳极，并在阳极失去电子。于是，钠离子变成钠原子，氯离子变成氯气分子。

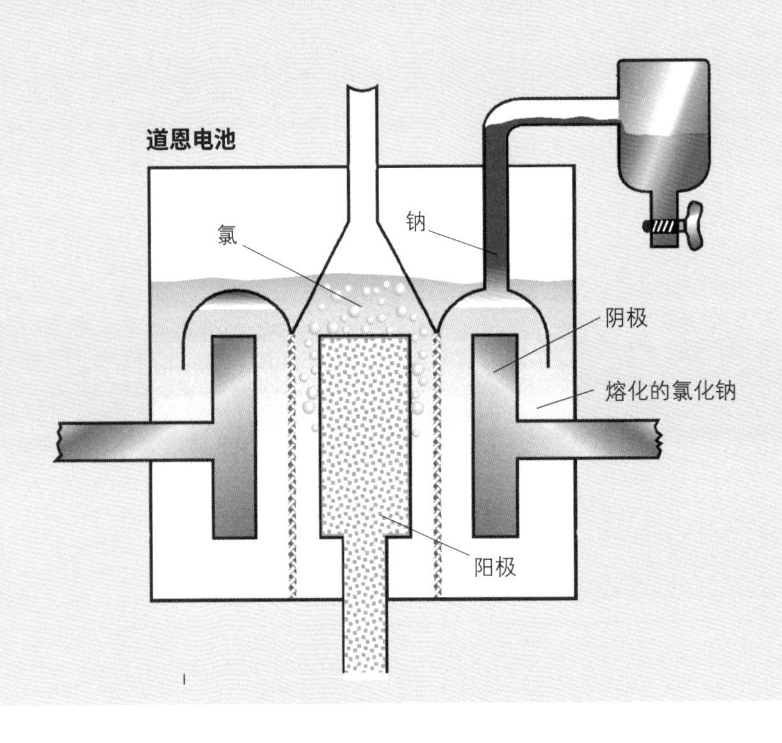

活性金属——钠

钠是一种化学性质非常活泼的金属。它也被称为碱金属，因为它能与水发生反应，生成碱溶液和氢气。如果水温高于 71℃，在反应过程中产生的氢气会燃烧，有时甚至会引起爆炸。为了防止钠与空气中的水和氧气发生反应，它通常被保存在煤油或者汽油中。

每年，只有几十万吨的钠被生产出来，因为它不适合很多金属的应用。在空气中，它的化学性质非常活泼，而且很柔软，甚至能用刀切割。因此，钠要么用于它自身所处的封闭环境，要么用于它与其他元素构成的化合物。钠的最大用途之一是它能与铅混合，生成钠铅合金，这种合金可以用来生产四乙铅——这是一种抗爆剂，可作为含铅汽油的添加剂。

高纯钠被用于快中子增殖反应堆。从 97.5℃的熔点到 891℃的沸点，钠的温差跨度极大，再加上良好的导热性，因此在快中子增殖反应堆中，它是一种理想的冷却剂。在反应堆的核心，裂变反应会以热的方式释放能量。热量通过冷却剂，被转移到热交换器，能量就从水转变成蒸汽。然后，蒸汽驱动涡轮机，涡轮机产生电。钠作为冷却剂，帮助反应堆中的能量转移，并防止反应堆的核心“熔化”。如果反应堆的核心过热，就会熔化。一旦熔化，大量的放射性物质就会释放到大气中，成千上万的生命就会受到威胁。钠也被用来制作照明灯。这种灯是一根玻璃管，两端有金属触点。灯管内部充满气体或者蒸气——

大开眼界

清洁剂炸弹

1985 年，来自美国卡纳维拉尔角的马丁先生，在无意之中，制造出了一个“清洁剂炸弹”。他用两种不同的清洁剂清洗洗手间，其中一种清洁剂含有氯。这时，他的电话响了，于是，他离开洗手间接电话，没想到他的陶瓷马桶爆炸了。原来，一种清洁剂中的氯与另外一种清洁剂发生了剧烈反应，产生出来的威力竟然相当于一枚手榴弹。

▼ 法国的“超级凤凰”核反应堆，是世界上最大的快中子增殖反应堆。在反应堆的核心，液态钠将热能传递给热交换器。

如果是钠灯，那么玻璃管内就是钠蒸气。当灯管被通电后，钠气体传导电流，就会发光。

有毒气体——氯

氯是一种黄绿色的有毒气体。在第一次世界大战中，协约国和德国都曾经把氯气作为一种致命的化学武器。截止到战争结束时，有数千人被一团团漂浮着的氯气杀死。

战后，氯被用来挽救人类的生命，而非杀戮生命。氯是一种很好的消毒剂。在家用的自来水或游泳池中添加适量的氯，能杀死水中的细菌，预防像霍乱这样的疾病传播。漂白剂和防腐剂，如 TCP（三氯苯酚），也都含有氯，具有消毒作用。

但是，在氯的使用中，并非都像科学家们曾经料想的那样安全。DDT（双对氯苯基三氯乙

提炼氯

氯是通过隔膜电池的电解作用，从盐水（一种盐和水的溶液）中提炼出来的。在阳极，两个氯离子失去它们多余的电子，并构成一个氯分子；在阴极，来自盐水的两个氢离子获得电子，构成氢分子。

当氢气和氯气通过电池的电解作用被制造出来后，分别被收集在不同的容器中。氢氧化钠则被留在电池中。当电池被耗尽后，就作为一种廉价的碱被卖出去。

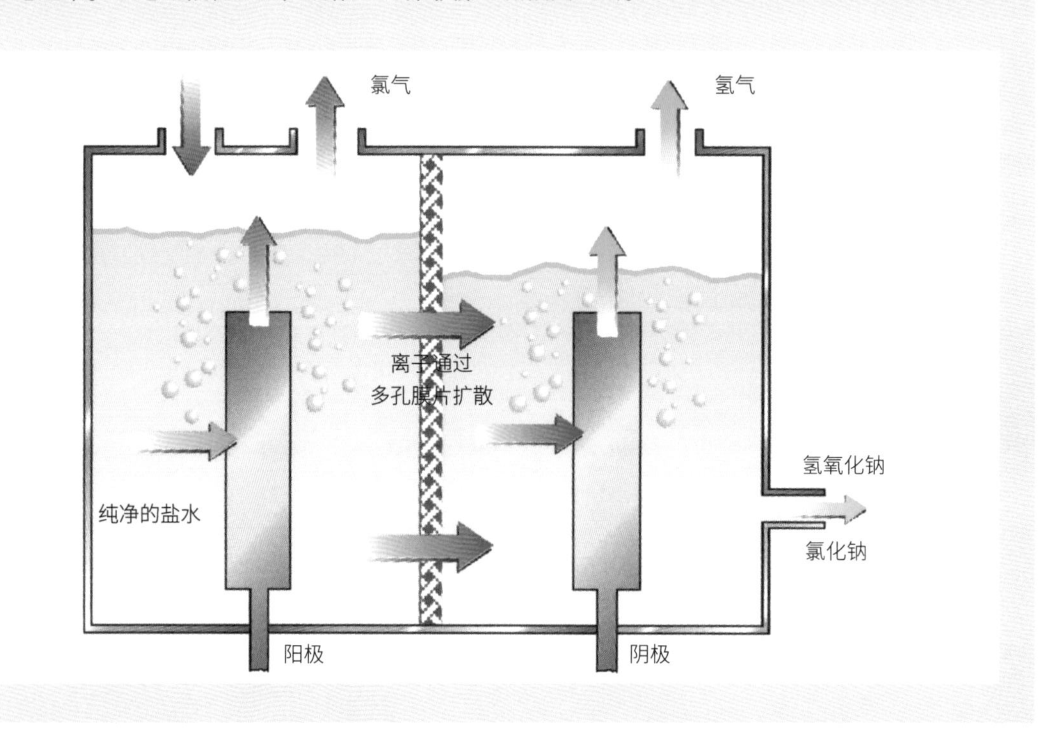

烷）是一种含氯的化合物，它曾经作为杀虫剂被广泛使用。农民们用它来杀死庄稼地里的昆虫，但是，当这种化学物质通过食物链进入当地的动物体内时，问题也随之发生。因为 DDT 的药效持续时间长，因此，它们会在动物体内的脂肪细胞中越积越多，最终导致动物中毒而死。

同样的，CFCs（氯氟烃）也是一种含氯的化合物，主要用于冰箱的制冷系统和气雾剂中。科学家们已经证实，它对地球的臭氧层非常有害。

▲ 当人们在水下游泳后，眼睛可能会又红又疼，因为被添加到游泳池中的氯不但能杀死水中有害的细菌，还会对眼睛产生刺激。

有机化学

有机化学是研究碳化合物及其反应的科学。这一领域中的发明和发现，有助于改进我们穿的各种衣服的布料，改善我们吃的各种食物和药物。

从 19 世纪开始，人们大约制造出了 700 多万种碳化合物，每年都有数千种新的碳化合物被合成。有机化学覆盖的范围极广，涉及人们生活的方方面面。

最重要的有机物是糖、酒精、油、植物染料，以及动物蛋白和植物蛋白。最初，化学家们认为，有机化合物只能在“重要生命力”的影响下，在活的生物体组织中合成。直到 1828 年，一位名叫弗里德里西·韦勒的德国化学家，将氰酸铵溶液（一种无机物）转变成尿素（许多动物尿液中含有的一种有机化合物），这一观点才得以改变。今天，化学家们将含有碳和一种或多种其他元素的化合物，归为有机化合物。但是，有一些简单化合物，如碳氧化合物和金属碳化物，通常不被看作是有机物。

图中，一位有机化学家正将一种未知的液体注入质谱仪中。在质谱仪里，样品将被电离，其变化将被记录下来，然后由计算机对结果进行分析，并识别样品。

▲ 现代人的生活方式在很大程度上要依赖有机化学，就像这张图片中所显示的一样，人们穿的服装是用有机纤维制成的；出租车、公共汽车都是靠汽油或柴油提供动力；手提袋、交通标志等，都是用塑料制成的。

生命的构成物质

在所有植物和动物的基本分子（生物分子）中，都有碳元素，所以，碳被称为是生命的构成物质。经过数百万年的岁月，史前野生生物的遗骸在高温和压力的作用下转化成了化石燃料，如煤、石油和天然气。今天，这些含碳的物质都是有机化学工业的原材料。例如原油可以被转变成燃料、塑料、合成橡胶、化妆品、清洁剂、肥料和纺织品等。

碳之所以具有如此广泛的用途，是因为它具有两种特殊的性质。每个碳原子能和其他碳原子或其他元素，如氢、氧、氮等形成多重键，而且还能形成化学性质稳定的链状或环状结构。例如一些塑料或橡胶分子，就是由数千个碳原子以长链的形式链接而成的。

几乎所有的有机化合物都是共价键，因此，在它们彼此相邻的分子间，引力极其微弱。所以，与离子键化合物相比，它们的熔点很低。例如四氯化碳（一种有机化合物）的沸点约为76.7℃，而氯化钠（一种离子化合物）的熔点大约是800℃。有机化合物既不导电，也不溶解于像水这样的强极性溶剂。但是，它们能在汽油这样的非极性溶剂中溶解，也能在酒精和丙酮这样的弱极性溶剂中溶解。

有机化合物

有机化合物有许多种类，其中最简单的是碳氢化合物，因为它们只含有碳原子和氢原子。与其他有机化合物一样，碳氢化合物也分为饱和化合物与不饱和化合物，这取决于与碳原子链接的共价键是单键还是多重键。含有环状结构的碳氢化合物被称为环烃，含有直键结构的碳氢化合物被称为脂肪烃。饱和的脂肪族烃被称为烷烃。两个碳原子之间含有双键的不饱和碳氢化合物，被称为烯烃；而在两个碳原子之间含有三键的不饱和碳氢化合物，则被称为炔烃。芳香烃是一种高度不饱和的环状化合物，拥有浓郁的香味。复杂的有机化合物，不仅可以含有许多不同的化学元素，也可以包含复杂的环状或链状结构（环状和链状结构中都含有碳）。在植物和动物的体内，含有好几百万这样的化合物，如蛋白质、脂肪、酶、酸等。

你知道吗？

道德窘境

现在，可以通过遗传法，加快猪的成长速度，使人们的早餐桌上有更多咸肉、熏肉、火腿肠。遗传工程能永久性地改变动物的生殖细胞——精细胞或卵细胞。这就意味着在成长中的动物及其任何一个后代，都能具有不同的基因。类似的实验如果用于人体是非法的。可是，改变猪的基因，就为了让它们给人类带来更大的利润，这又是道德的吗？

▲ 夜里，油田中的气体燃烧，照亮了整个夜空。原油中的碳氢化合物可以用来生产许多有机化合物。

▲ 在医疗中，人们利用有机化合物来治疗和缓解疾病。这位女士的耳后贴着一小块膏药，膏药中含有能够治疗晕船的药物。

碳循环

碳循环是碳在大气、土壤、植物、动物之间持续不断地相互交换。植物通过光合作用，从大气中吸收二氧化碳（CO_2），并将二氧化碳转变成植物组织，然后植物被动物吃下。通过动物的呼吸作用和动植物死亡后变成的化石燃料的燃烧，又将碳释放到大气之中。

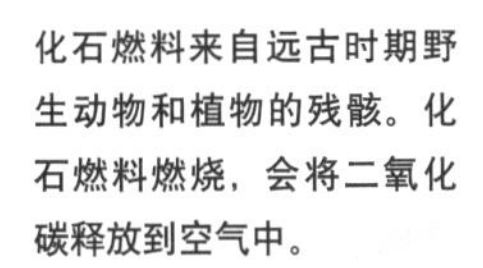

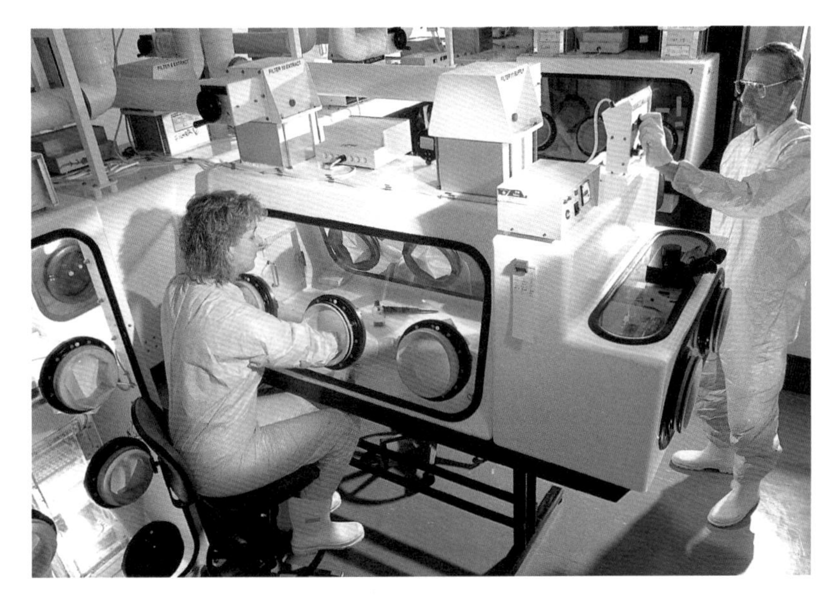

◀ 研究传染病要在经过了特别密封的实验室中进行。根据病毒的种类，实验室被分为1～5个等级。研究人员进实验室前，要穿上灭菌服。病毒被保存在密封的容器中。图中，生物化学家正在用滴定法测量非洲沙拉热（西非地区特有的流行病）病毒的样品，查看样品中一种特殊有机化合物的浓度。

生物化学

生物化学家就是专门研究发生在活的生物体内的化学反应的有机化学家。在活的植物和动物体内，总是会涉及一系列化学反应。生物化学家研究这些反应，并运用他们掌握的知识尝试解决一些问题。

生物化学家在医学领域内的发现，大大改变了我们今天的生活。人的寿命一代比一代长，每年都有越来越多的疾病被不断创新的新药治愈。生物化学在现代医药领域最重大的突破是盘尼西林（青霉素）的发现——这是一种从青霉菌中提取出来的抗生素。抗生素是一种有机化合物，能杀死许多有害细菌，例如那些引发败血病、猩红热、气性坏疽、淋病的病菌。

生物化学家还致力于提高农业生产力。兽医利用有机化合物医治牲畜的疾病；农民们利用有机化合物，保护谷类作物不受疾病和害虫的侵袭。不过，生物化学最具潜力的研究领域是基因遗传。通过改变生物的遗传基因，遗传学家能够提高农作物的抗病能力，改善蔬菜的口味，治疗某些癌症，还能批量生产更多的药物。

▼ 有时候，足球运动员会由于体内一系列生化反应而遭受极度痛苦。例如在快跑时，肌肉被迫快速运动，却又得不到足够的氧气供应，就会使乳酸大量聚积在肌肉中，导致疼痛。只要疼痛部位的肌肉能迅速得到氧气补给，就能将积聚的乳酸分解掉，从而缓解疼痛。

厨房里的化学

我们从食物中摄取的化学物质，不但能够影响我们身体的新陈代谢，还能作用于我们的感觉和行为。

食品科学家和营养学家专门研究人体如何利用，并适应我们吃进体内的有机化合物。关于食物营养如何被转变成身体的能量和组织，人们已经大概了解了，但是，人体内复杂的化学反应至今仍然是一个谜。

食品科学家甚至还对食物的加工程序进行监控。他们要严格确保食物的安全，维持食物的营养水平，并决定需要使用哪些添加剂。例如在速溶饮料中要添加海藻提取物或果胶稳定剂，它们才会有气泡。还有一些添加剂能让食物长时间保鲜，或者能够改善食物的天然口味、颜色和表面纹理。

和遗传学一样，食品科学也仍然处于发展初期。我们日常可能会听到一些新闻消息，如沙门氏菌使食物受到污染，食品中的添加剂令孩子患上多动症等，都说明这一领域仍需大力研究。

▲ 图中，实验人员正在从解冻的鸡肉上取样品，用来测试食品中的毒性细菌，如沙门氏菌、李斯特氏杆菌，这样的工作通常由食品的质量控制人员操作。

大开眼界

疯牛病

科学研究显示，牛海绵状脑病可能会通过一些途径进入人体，并使人患上库贾氏病。这两种疾病都能摧毁神经系统，尤其是脑干。图中是受到感染的牛脑。专家们认为，疯牛病起源于羊痒病，是给牛喂了含羊痒病因子的反刍动物蛋白饲料所致。

氮循环

闪电划破夜空，照亮了它所经过的路径。宇宙中这美丽而又令人惊惧的现象，不仅仅来源于那充满野性的闪电，它也是我们赖以生存的氮循环中复杂的一部分。

大多数人都知道碳元素是构成生命的重要物质。碳原子存在于所有生命有机体的细胞之中。但很少有人知道，氮也是我们赖以生存的基本物质。植物利用土壤中的氮化合物来制造蛋白质、维生素和氨基酸。然后，这些营养物质又通过食物链进入动物体内，帮助它们成长。草食动物以植物为食，肉食动物又以草食动物为食，这是一个简单的生物链。

动物通常会摄取远比身体所需更多的氮。由于它们的身体不能够像储存脂肪那样去储存氮，所以，它们必须把体内多余的氮排出去，使之再回到土壤和水流中。鱼类通过皮肤和鳃排出体内多余的氮；哺乳动物和爬虫类动物通过尿液和粪便把 体内多余的氮排出去。

隐蔽的储存库

氮在很多地方存在，它或者被锁定在深海沉积物中，或者在岩石中，或者分散在海洋里，或者在生物有机体的细胞中，或者隐藏在土壤和空气里。氮在这些不同储存方式之间的转换运动，被称为氮循环。大多数的转换运动都发生在空气、生物体、土壤、河流和海洋之间。

大约 78% 的空气是由氮气构成的。但是，氮气的化学性质稳定、不活跃。在它能够被植物利用之前，必须先通过化学或生物途径，转化成活跃的硝酸盐、亚硝酸盐，或是氨水。这被称为固氮作用。一旦氮元素像这样被“固定”之后，植物就能利用氮化合物生长。通过化学途径，将稳定的氮分子转化成为氮化合物，意味着需要大量的能量。在自然界中，这些能量存在于闪电和高温反应中，像活火山的爆发。在这些条件下，空气中的氮分子与氧分子发生反应，形成氮的氧化物。氮的氧化物与水分子结合，形成弱硝酸，并以酸雨的形式降落到地面。

通过在一些细菌和藻青菌（微生物）中发生的生物反应，空气中的氮分子也能被转化为氮

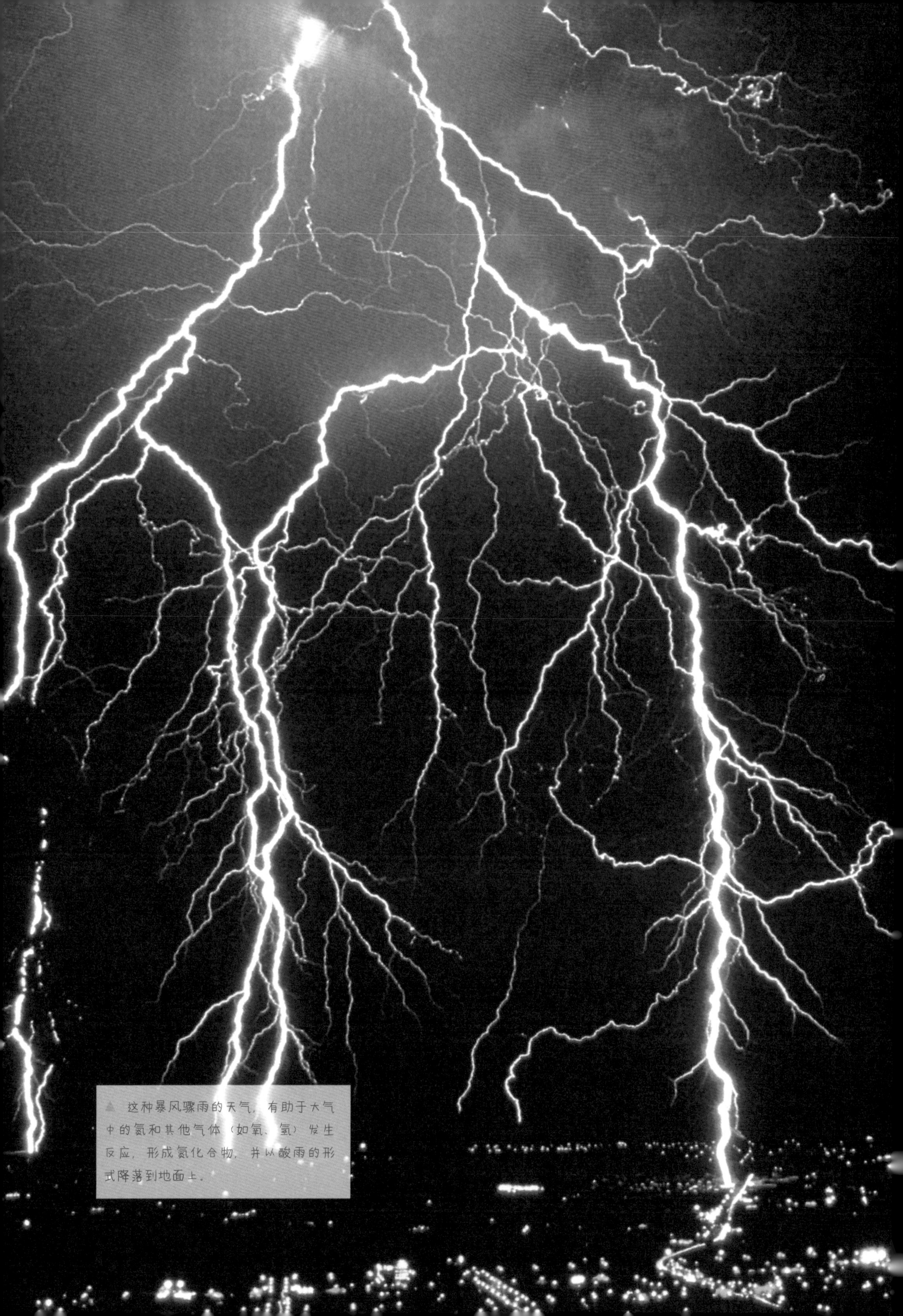

▲ 这种暴风骤雨的天气，有助于大气中的氮和其他气体（如氧、氢）发生反应，形成氮化合物，并以酸雨的形式降落到地面上。

▲ 动物从它们的食物中获取氮。例如这头猪吃的植物中的蛋白质，会很快被分解为含氮的氨基酸，然后合成猪自身的动物蛋白。

化合物。这些参与氮固定的微生物，要么在土壤和水中独立存在，要么与一些植物成共生关系。例如蓝藻就是一种具有共生性的藻青菌，它生活在一种名叫羽叶满江红的水生蕨类植物中，并将氮分子转化为可供植物生长的氮化合物。研究表明，在稻田中种植水生蕨类植物，可以使水稻的产量提高100%。

氮循环的最后一个阶段是将植物和动物中的氮元素重新转变还原为大气中的氮分子。这被称为脱氮作用，它是通过土壤和水中的脱氮细菌和藻青菌来实现的。那些被分解的生物机

▲ 化学肥料中的氮化合物会渗透到水流中，危害野生生物，因此，人们开始更多地使用传统肥料，如猪粪，人们相信它们对环境的危害会相对较小。

你知道吗？

有机农业

有机农业是利用天然方法保持土壤的肥力，而不是在土地上施用过量的化学肥料。农民们将农作物的秸秆还田，并通过施用粪肥，种植在根部的结节处含有固氮微生物（根瘤菌）的豆类植物（如图中三叶草植物的根部），让土壤重新富含氮元素。

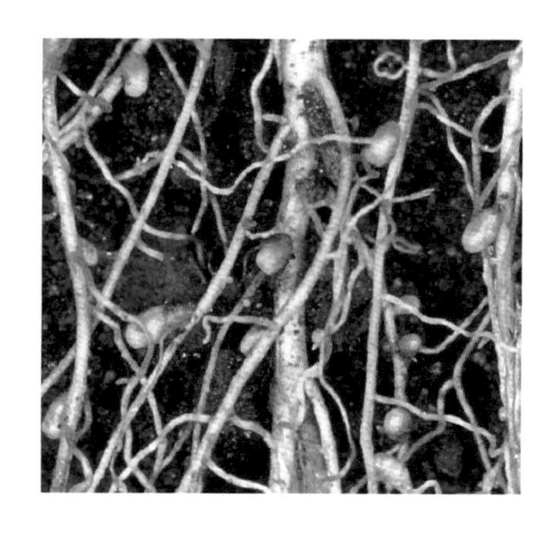

体，如枯死的植物和牛粪，它们里面的含氮化合物被细菌转化成为空气中的氮分子。

自从工业革命以来，人类就在那些氮消耗殆尽的土壤上施用化肥，从而改变大自然的氮循环。然而，过度施肥，以及来自下水道的污染，让河流和海洋中的氮含量大大增加，并导致蓝绿海藻的大量繁殖（这是一种固氮藻青菌），自然生态系统受到破坏。

看得见的循环

氮是生命体中的一种重要物质，它存在于能让我们健康、充满活力的维生素和蛋白质中。氮在空气、土壤、水、植物和动物之间的转换，被称为氮循环。

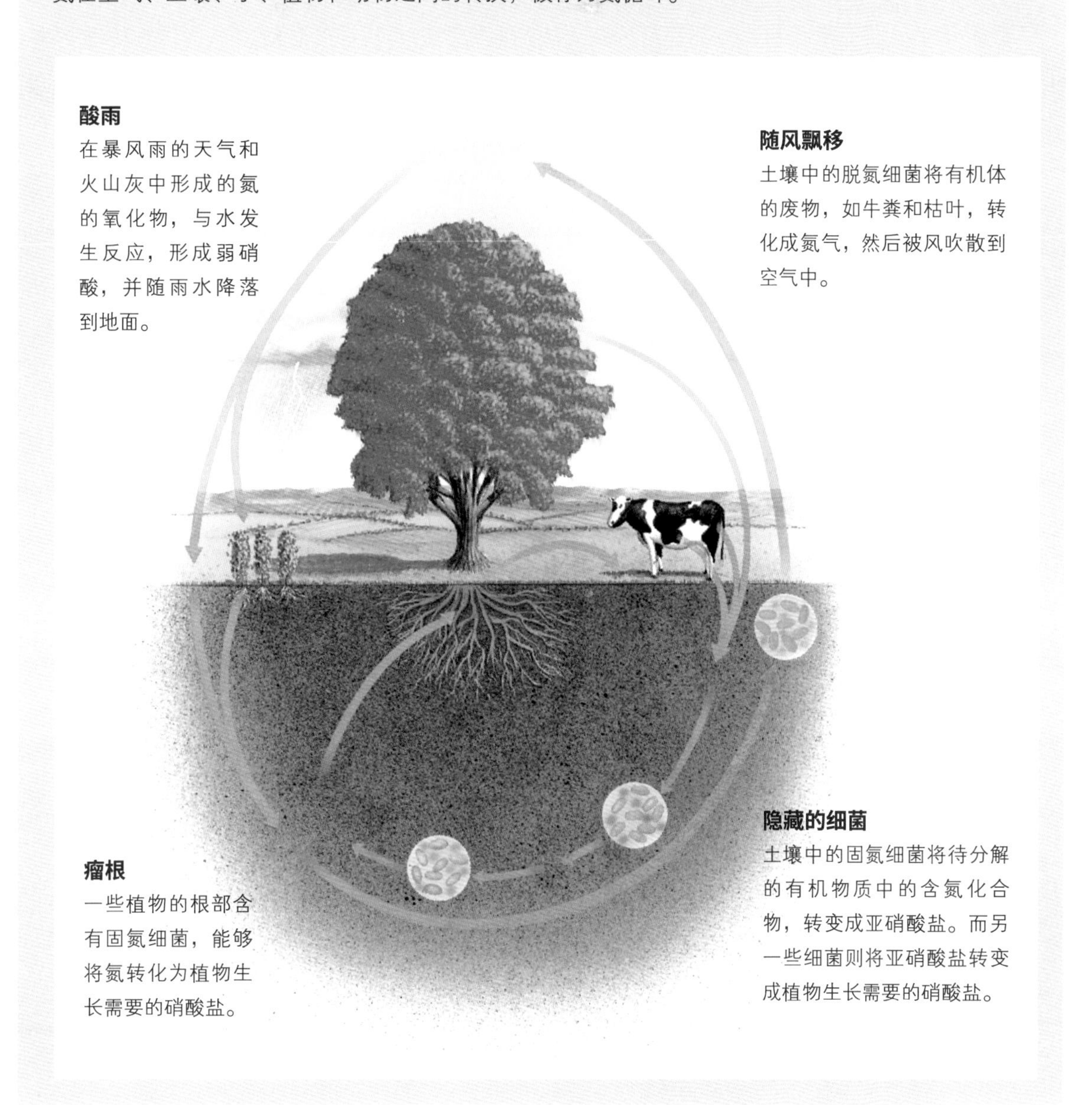

发酵

在几千年以前，人们就发现了把葡萄汁酿成美酒，将生面团制作成面包的工艺。但是，一直到了19世纪，发酵的原理才被人们发现。

数千年来，酒、啤酒和面包都是用传统方法制成的，这些传统方法经由一代代人传递下来。当时，这种过程看起来就像是“魔法的作用”，因为人们还不知道在化学反应中各种成分的作用和它们的反应原理。

直到19世纪50年代，当发明了“巴氏杀菌奶”的法国科学家路易斯·巴斯德发现了发酵的生物反应步骤，发酵反应的原理才真正被人们理解。巴斯德的结论是：像霉菌、细菌、酵母这样的微生物，在没有空气的情况下，以有机物为食而得以存活(利用有机物厌氧生存)，正是这个过程导致了发酵。

如果有机物是糖类物质，比如果汁，微生物就会将它们转变成气味芬芳、味道好的物质。但是，如果微生物以有机物中的蛋白质为食，它们就会把有机物转变成臭气熏天的物质。食物在胃中消化，肉类、死亡的植被腐烂，都是发酵的例子，尽管它们的名称不同(被称为“消化”或“腐烂”)。

从19世纪开始，科研人员对发酵有了更进一步的理解。今天，发酵是指在有氧或者无氧的条件下，利用有机物中的微生物来生产有用的产品的过程。

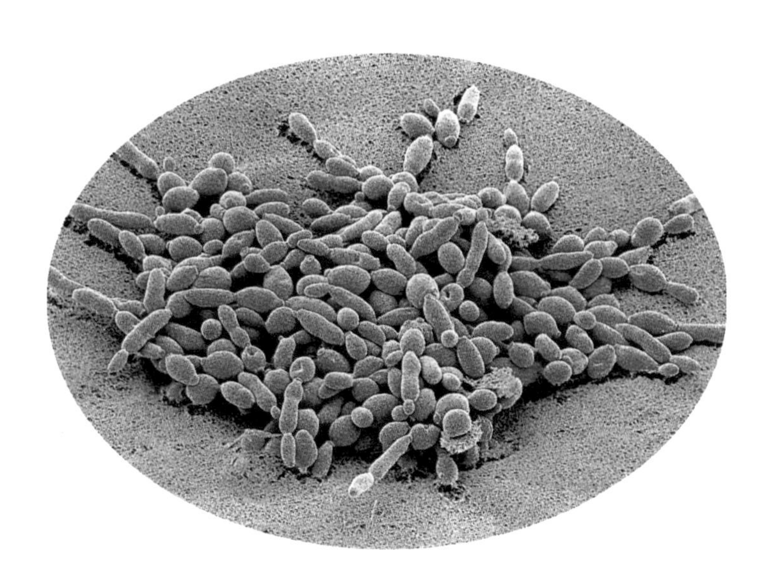

◀酵母是一种有生命的微生物，是真菌家族中的一员。它们是通过分裂进行繁殖的，这些细胞营养丰富，彼此连成链状。

饮料

将果实或者种子的汁液转变成酒精饮料，可能是人们最熟悉的发酵过程。酵母中的酶(真菌家族中的一员)将果汁中的糖分解为酒精和二氧化碳。酵母利用糖分分解时释放出来的能量生长，就像我们利用煤和木材燃烧时释放的能量来取暖一样。不过，如果酒精的浓度超过了15%，酶就会有毒，酵母就会死亡，从而使发酵过程中止。

酵母被用来对果汁和种子的汁液进行发酵。葡萄酒是用葡萄汁酿成的，啤酒是用发酵的大麦(麦芽)制成的，苹果酒是用苹果汁制成的。一些非酒精类的饮料，比如咖啡和可可饮料，也是通过发酵制成的。

先将咖啡豆(咖啡树的果实中的种子)从果实中取出来，然后通过发酵，使它腐烂，并将它外面像羊皮纸一样的皮去掉。

发酵食品

食品工业利用发酵制作面包、奶酪、干酪。面包是将发酵的生面团进行烘烤制成的。制作这种生面团的主要成分是：水、面粉、盐和酵母。它们被混合在一起，并被放置在温暖的地方。

▼这个啤酒桶就像一个装满泡沫剂的浴缸，不过，这个人并不是在测试这些“泡沫”的温度，这层泡沫是酵母，下面是正在发酵的啤酒。他是在酵母层下取发酵的啤酒样品。

▲ 鳄鱼的性别是由孵化时巢穴的温度决定的。当巢内的植被分解（腐烂）、发酵，温度就会上升。巢穴的温度在32℃～33℃时，孵出来的鳄鱼就是雄性；而当超过33℃或低于32℃时，孵出来的鳄鱼就是雌性。

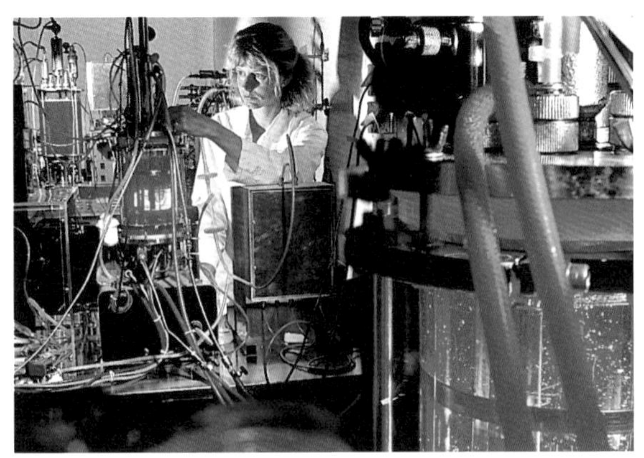

▲ 一名研究人员正在对基因工程细胞生产出来的蛋白质进行取样。经过测试后，这些蛋白质将被用于生物技术实验。

酵母中的酶会将面粉中的一些淀粉转变成二氧化碳和酒精。在生面团中，二氧化碳会形成小气囊，在烤箱中烘烤时，这些小气囊会膨胀，使面包呈一种轻的、蜂窝状的质地。

你知道吗？

从旧到新

至少在公元前2600年，埃及人就开始制作面包了。当时，面包之所以如此受欢迎，是因为人们经常把它们用来作为酬金，换取其他商品。这可能就是在英语俚语中，“生面团”(dough)和“面包”(bread)这两个单词，被用来指代“钱”(money)的起源。历史上的第一个面包可能是在偶然中（野生酵母被吹到准备被烘烤的生面团上）制作出来的。

化学和医药工业

今天，许多化工产品和药品都是通过发酵来生产的，而不是靠传统的化学方法。抗生素、维生素、酶、有机酸、氨基酸（包括味精），以及许多溶剂，都是靠现代化的发酵技术生产出来的。实际上，发酵工业的增长如此迅速，以至于它们开始与化学工业相竞争。随着遗传工程的进步，不同的微生物将被加工，生产出越来越多的化工产品和药品。

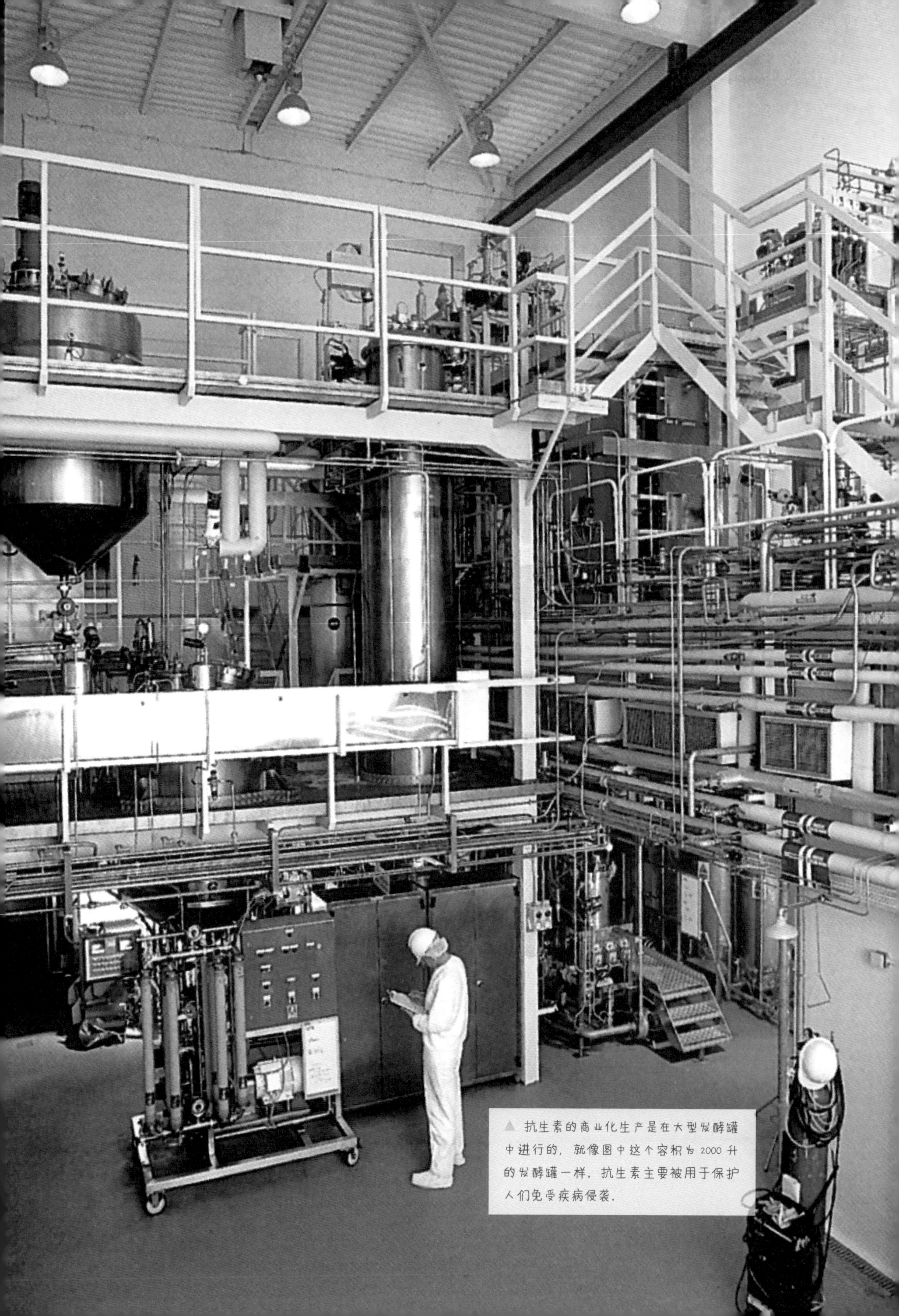

▲ 抗生素的商业化生产是在大型发酵罐中进行的，就像图中这个容积为 2000 升的发酵罐一样。抗生素主要被用于保护人们免受疾病侵袭。

水的净化

200 多年以前，用于饮用、洗澡、清洗杂物的水都直接取自河流、湖泊、山泉和水井。今天，如果你也这样做，那么很可能会染上严重的痢疾，而不得不住院接受治疗。

自来水通过管道被输送到各个住宅、校区和办公楼。在这之前，它们都在自来水净化厂里净化过。树叶、水藻及其他生物有机体都被过滤出去，水体也经过了氯化消毒。

世界上绝大部分的水供给都来自地下蓄水层（地下水），以及河流和湖泊（地表水）。在那些深受干旱困扰的国家（比如巴林和科威特），天然淡水的供给量根本满足不了人们的需求，于是许多自来水公司四处寻找水源。在 19 世纪的时候，西班牙人曾尝试着把一些冰山从智利南部的沿海地带拖到秘鲁的干旱地区，以此满足当地人对淡水的需求。在 20 世纪末期，一位发明家

▲ 这是一家位于阿曼的海水脱盐工厂，错综复杂的管道围绕在多级闪蒸脱盐车间周围。在这里，海水中的盐分会被分离出去，从而生产出淡水。

▲ 这是一家位于巴林的海水脱盐工厂，抽水机正在将大量的海水抽送到反渗透脱盐车间。在这里，每天可以生产出 5400 万升淡水。

水质检测

在净化水离开自来水净化车间之前，必须对它们进行抽样检测，以确保饮用水安全。检测项目包括水的口感、气味、颜色，以及生物性污染物的总数。图为一名技术人员正在检测水样中的细菌总数。

图为含有杂质的污水正缓缓地流过"芦苇床"，在这里，沙粒、泥渣和其他较大的固体颗粒都会被过滤出去。芦苇床的功能与化学过滤器类似，可以吸附水中的某些化学污染物。

设计出一种大型"雪槽"，通过它可以把冰块从南极洲运送到赤道附近。但是，对那些淡水供给不足的国家而言，最有效的解决办法是海水脱盐——一种除去海水中的盐分以获取淡水的工艺过程。据统计，海洋水占地球水资源的97%。海洋蕴藏着丰富的、取之不竭的淡水资源。但是，将海洋咸水淡化为饮用水需要消耗大量的能源，因此成本非常昂贵。

海水脱盐

最简单的海水脱盐方法是蒸馏法。先将蒸馏器中的海水加热，直至沸腾。然后对不断上升的水蒸气进行压缩，使之凝结成液态淡水。最后，将分离出来的淡水收集到一起。海水中的盐

淡水的净化过程

雨和雪是淡水供给的源泉。但是，它们在从云层下降到蓄水池的漫长旅途中“捕获”了大量的泥沙、细菌和其他污染物。因此，在饮用淡水之前，必须对它们进行净化处理，以去除里面的杂质。

蓄水大坝
有时，河水在流经陡峭的山谷时会被大坝拦截，进而形成一个大型蓄水池。

旋转过滤
沉淀后的水在离开蓄水池时会通过一个粗孔筛网，树叶、树枝和垃圾都被过滤出去。在过滤车间，当水流过圆筒状的精滤器时，水藻和其他细小颗粒也会被过滤出去。

过滤膜
当水向上流过一个装有凝集剂的容器时，一些微小的颗粒（包括胶体颗粒和细菌）会被分离出去。

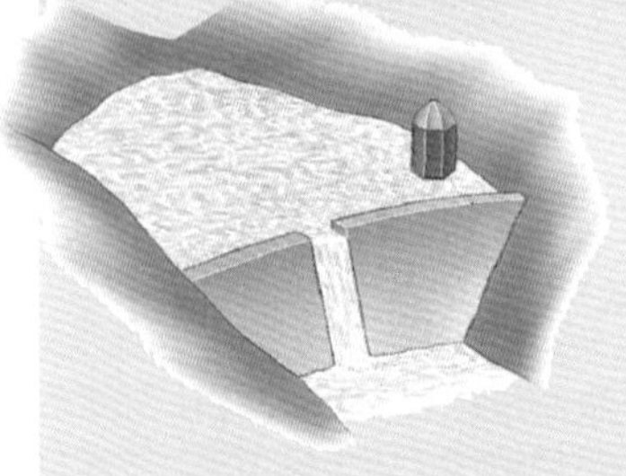

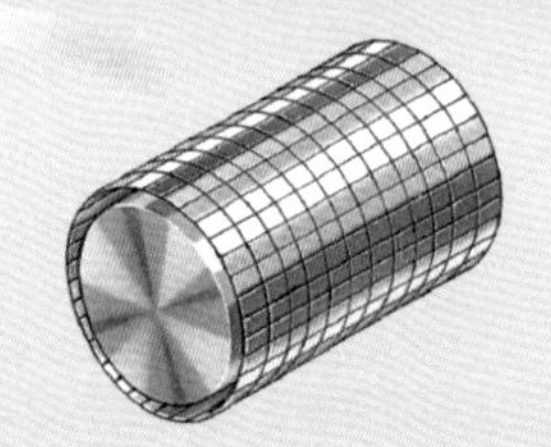

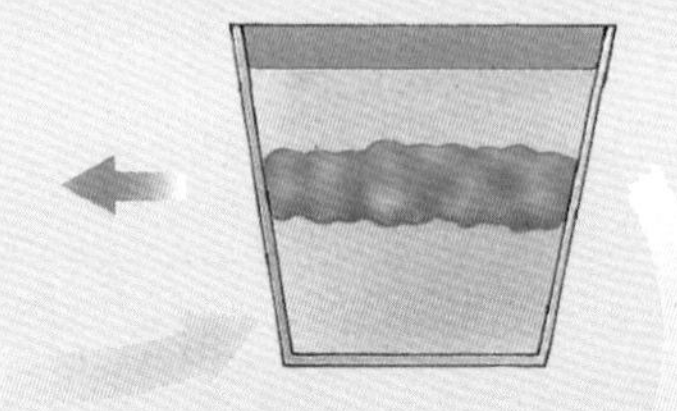

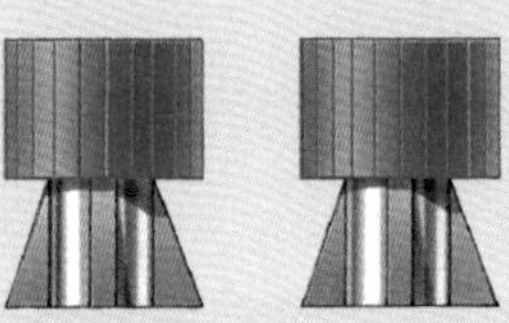

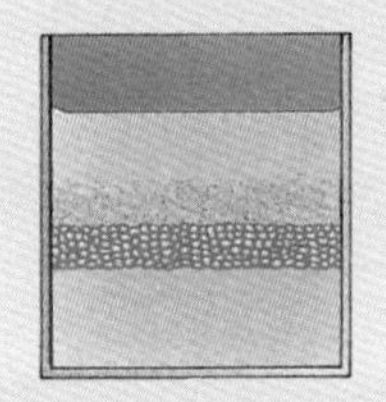

水泵房
净化过的水通过水泵被抽送到蓄水器或者贮水室内。

水体消毒
为了给水体消毒，通常会在水中加入氯气或者臭氧。

砂石过滤器
得到一定净化的水被引入由细砂层和粗砂层组成的过滤器中。在这里，任何残留的泥土颗粒和细菌都会被过滤出去。

分则留在了蒸馏器中。在一些阳光充足的国家（比如希腊），小型居民社区通常利用简易的阳光蒸馏器进行海水脱盐。这种蒸馏器主要由覆盖在盐水池上方的玻璃罩组成。在阳光的照射下，海水被不断加热并汽化蒸发。水蒸气遇到玻璃罩后冷凝为水滴，之后，水滴会沿着玻璃罩流进收集器中。据统计，1 立方米海水 1 天能分离出不到 4 升的淡水。相对于巨大的淡水需求，这实在是杯水车薪，毕竟冲洗一次抽水马桶通常还需 8 升水呢。

为了能够生产出足够多的淡水，必须建造大型脱盐工厂。脱盐工厂通常采用多级闪蒸法分离淡水。先把海水加热到 121℃，然后将其引入闪蒸室。在闪蒸室的低压状态下，部分海水会急

◀ 这是一家位于伦敦的淡水处理厂，许多旋臂式喷头正不断地把含有杂质的水喷射到砂石过滤器里。当这些水流过砂石过滤器的时候，悬浮在水中的固体颗粒和细菌都会被过滤出去。

速汽化，所产生的水蒸气冷凝后即为所需的淡水。之后，余下的海水被引入另一个压力更低的闪蒸室里，部分海水急速汽化后遂被冷凝成淡水。就这样，这个过程被不断地重复下去，直到余下的海水温度接近（但高于）天然海水温度为止。其他比较常见的脱盐方法还有冷冻法、反渗透法、电渗析法和离子交换法。

淡水的净化

与海水脱盐技术相比，淡水净化技术不仅简单，费用也比较低。淡水的净化过程通常包含5个步骤，即沉淀、过滤、絮凝、再过滤和消毒。

沉淀的过程是在蓄水池中以“自然”的方式进行的，即悬浮在水中的细小颗粒（比如沙粒和泥渣）会自行沉淀到蓄水池底部。之后，经过沉淀的水会被引入过滤车间。在粗滤器和精滤器的作用下，水中的树叶、垃圾和水藻都会被过滤出去。经过初次过滤的水会向上流过一个装有凝集剂的容器。在凝集剂的作用下，悬浮在水中的更为细小的颗粒（胶体颗粒）也会被分离出去。凝集剂大约在容器的中间位置形成一层黏性薄膜，当水中的胶体颗粒碰到这层薄膜时，它们会与凝集剂发生化学反应形成絮凝颗粒，并被粘在薄膜上。之后，得到一定净化的水会被引入砂石过滤器中。在这里，任何残留的颗粒和细菌都会被过滤出去。最后，在水中加入氯气或臭氧，进行水体消毒。

司法鉴定中的化学

现代法院调查取证的方法神通广大，一根头发、一粒花粉、一块油漆斑，或者一块玻璃碎片，都可以作为某个犯罪嫌疑人是否在犯罪现场的证据；血液、精液、唾液，以及人体毛发里的细胞，还可以提供充足的DNA证据，来证明某人就是罪犯。

警察在重大案发地点要做的第一件事就是封锁现场，以免证据（线索）被破坏或转移。如果不仔细搜寻，许多细微的线索都难以被发现，也很容易因踩踏而遭到破坏。还有一点也非常重要，那就是不能将其他物质带入犯罪现场，如调查者身上或鞋上的油、泥、纤维等。

紧接着，负责摄像的警察和刑警会快速赶到现场。在国外，警察通常穿着纸罩衫、戴着帽子和外科医生用的手套，这样采集的样品才不会被破坏。警察首先会在尸体的位置做上标记，然后拍照，再把尸体搬离现场。最后法医检查死者的尸体，通过检查尸体上的伤痕和伤口，并进行尸体解剖，来确定死者的死因。

泄密的指纹和痕迹

如果现场曾经发生过暴力袭击，那么破损的家具和相关的血迹照片，都可以为案件提供线索。血斑样品和其他任何可疑的痕迹，都将被搜集起来，装进样品袋里，贴上标签密封。警察还会在室内外的地面上，寻找并拍摄所有的脚印、轮胎印等，以及因罪犯强行闯入而被破坏了的门窗等。

在所有线索中，指纹是最有影响力的，也是极具说服力的，因为任意两个人拥有完全相同的指纹特征的概率大概为四十亿分之一。对于明显的指纹，可以先撒上精细的金属粉末——通常是铝粉，然后用透明胶带将其“揭”起来，再把它粘在透明的塑料板上，这样指纹就会在塑料板上显现出来。对于模糊的指纹，以及在较难留下痕迹的表面（如皮革）上的指纹，现代科技也自有办法解决。一种方法就是通过激光扫描，使那些极其模糊的指纹露出庐山真面目，因为激光束可以使留在指纹印中的自然人体的皮肤油质发亮。另一种方法是将化学物质（水合）

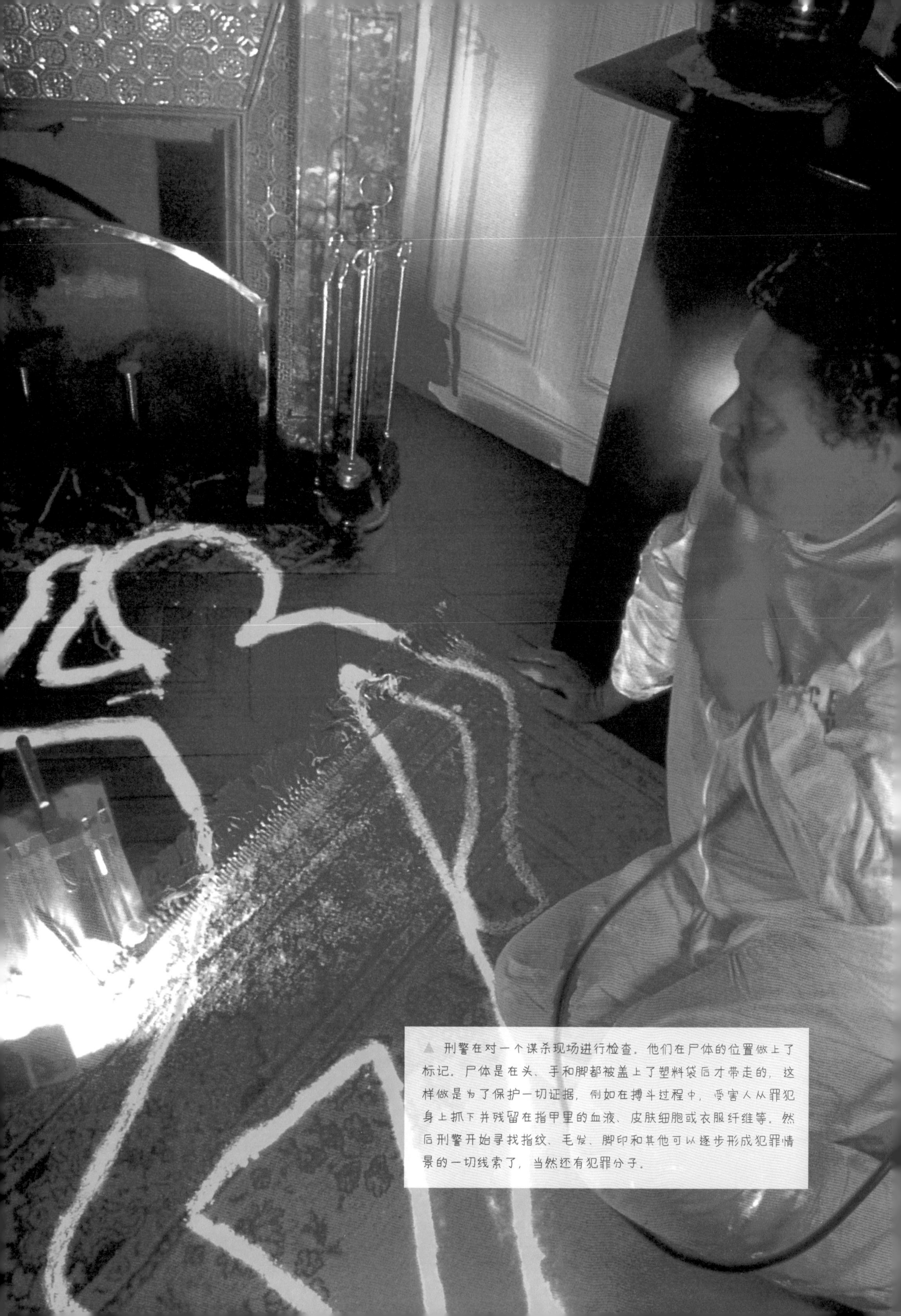

▲ 刑警在对一个谋杀现场进行检查。他们在尸体的位置做上了标记。尸体是在头、手和脚都被盖上了塑料袋后才带走的，这样做是为了保护一切证据，例如在搏斗过程中，受害人从罪犯身上抓下并残留在指甲里的血液、皮肤细胞或衣服纤维等。然后刑警开始寻找指纹、毛发、脚印和其他可以逐步形成犯罪情景的一切线索了，当然还有犯罪分子。

刑警

法医能否很好地鉴定取自犯罪现场的样品，并将这些样品与疑犯相匹配，取决于刑警的专业技术和经验。

这并不仅仅是寻找什么的问题，还涉及在哪里找，即了解人们行动和处事的方式，以及人在恐慌和混乱情况下的行为。

例如，如果有一张桌子被推翻了，刑警会仔细在桌子边沿寻找指纹。如果窃贼割伤了自己，那么在打破的窗玻璃碎片中必定有血迹；窃贼若因寻找膏药而脱下手套，那么也可能会在盥洗室的橱柜上留有完好的指纹。

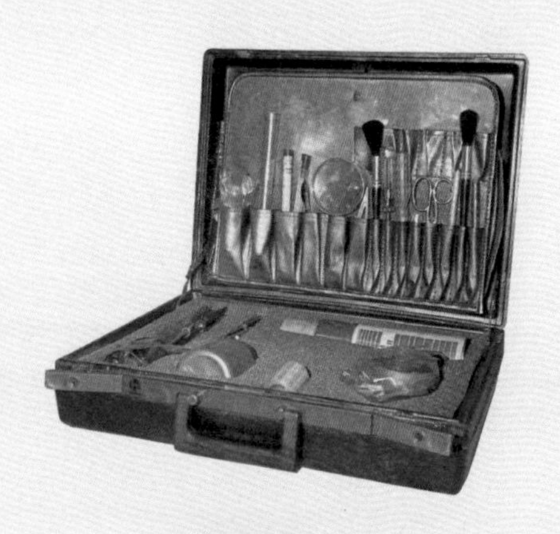

魔术箱

在刑警的箱子里装有放大镜、镊子（可以用来夹持小样品而无须触碰它们），其中还有塑料样品袋、瓶子和标签。

此外，箱子里还有一些刷子。在化学物质的辅助下，刷子可以用来拂拭物体表面的灰尘，显示出“不可见的”指纹。

在实践中收获完美

油漆涂层的数量、油漆的化学成分、颜色和抛光方式，全都可以用来与遗留在犯罪现场的油漆碎片相对照。

在图中，刑警正在用铝粉对一块打破的窗玻璃片进行“除尘”，这会使指纹更清晰。

刑警要戴橡胶手套，这样就可以避免皮肤上的自然油脂污染证据。

图中，一个刑警正在用解剖刀从疑犯的汽车上取下一小块油漆样品。

茚三酮喷洒在可能被罪犯触摸过的地方，这种化学物质会和人体皮肤油中的氨基酸发生反应，反应之后会变成紫色。此外还有一种方法，是将可疑的物体表面暴露在“超强力胶水”的蒸汽（氰基丙烯酸盐黏合剂单体）中，这种蒸汽会与遗留下来的皮肤上的化学物质发生反应，产生一种白色粉末，这种白色粉末可以显示出指纹的形状。

脚印和轮胎印也可以证明某个人或某一辆车是否曾经在特定时间、特定地点出现过。当大批相同款式的运动鞋、靴子，或轮胎制成出厂时，它们实际上都是一样的。但在极短的时间内，它们却各自成为独一无二的个体。特别是鞋，它被磨损的方式取决于穿鞋人的体重和走路姿势。穿鞋人的体重不同，走路姿势不同，鞋底就会形成不同的裂口和凹痕。这些磨损和裂痕，就共同形成了一个如指纹般独一无二的脚印。

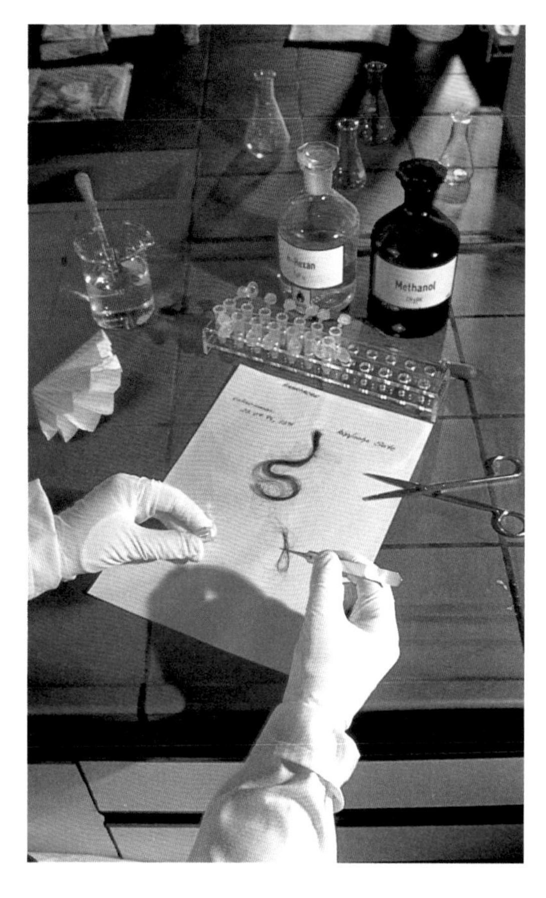

▲ 这是一撮从吸毒嫌疑者身上取来的毛发样品，法医正准备对其进行分析。头发在生长过程中，根部可以吸收吸毒者体内产生的化学物质，所以毛发的作用就像录音机一样。化学物质可以用溶剂来提取，然后通过层析法或光谱法来鉴定。

显微镜下的证据

与别人擦身而过，或在车座上逗留片刻，你肯定会把自己衣服上的一些纤维留下来，也会从别人身上或车座上带走一些纤维。倘若发生过一场搏斗，那么现场会到处都留有当事人的纤维和毛发。在显微镜下观察它们，我们就能根据它们的形状、颜色和结构特点，对其进行鉴别。动物纤维的横截面通常是圆的，植物纤维的横截面十分不规则。这时就可以将犯罪现场的纤维与嫌疑犯衣服上的纤维样品，运用对比显微镜的分镜头进行观察比较。如果想获得更详细的对比信息，还可以使用电子扫描显微镜，或者借助特殊波长的光线，对样品进行检测。特殊波长的光线可以使一些彩色纤维闪闪发光。许多纤维可以吸收某些波长的红外光，吸收的方式取决于纤维的化学结构，这时我们就可以通过红外分光光度计来分析。

对比显微镜的分镜头还可以用于比较犯罪现场的子弹和被警察发现的枪的试射子弹。因为在手枪和步枪的枪管内，都有螺旋形的凹槽和隆起，它们除了让子弹旋转射得更精确还有另外一个功能，就是当子弹沿着枪管飞出时，里面的凹槽和隆起部位会给每颗子弹做上“标记”。因此，它们在子弹上留下的擦痕也如同指纹一样独一无二。利用被发现的或者可疑的枪，负责弹道学研究的警官会将子弹装进枪里，试射到水槽里或一个装满了废棉花的大盒子里。如果子弹上的擦痕与在犯罪现场发现的子弹上的擦痕吻合，那么警方就可以确定找到了行凶的武器。

一种非常不同的显微镜附属装置，通常被用来测定玻璃样品的折射率。这些玻璃样品可以被用来

▲ 它是法国警局用的使指纹数字化的仪器。图中，在传统的指纹记录纸上的一个指纹被扫描仪的镜头放大，使得数字化指纹在屏幕上出现。今天使用的最快的电脑系统可以在1秒钟内做6万次比较。以前靠眼睛比较需要几天或数周时间，现在只需几分钟就能完成。

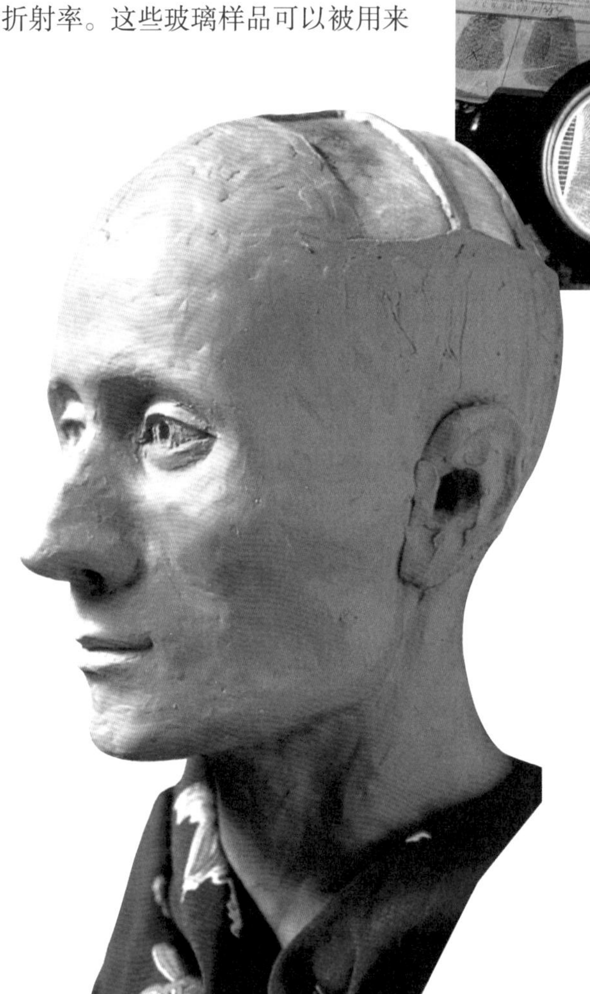

▲ 警方有时需要公众的协助来确认受害人的身份。有一种方法是发布受害人的素描，或是以素描为基础的人体半身像。有时唯一残留的仅有骨架，这时候就要求助于理查德·尼弗了。他是英国最早的面部重构专家，他利用解剖学和已知的头骨上组织的平均厚度知识，在一个颅骨的石膏模型上重构了人脸。虽然这并不意味着重构不会产生丝毫偏差，但其相似性足以唤起目击者的记忆。

证明在犯罪嫌疑人身上发现的玻璃碎片，是不是他在强行入室时打破窗户玻璃后携带的。折射率是指光线从一种透明物质进入另一种透明物质时产生的弯曲度。折射率的测定过程是这样的：首先将玻璃碎片放置在一个液体容器中，这种液体在各种温度下的折射率是已知的；然后加热液体，直至玻璃碎片从显微镜下的视野中消失。那么，在这个温度点，液体就具备了和玻璃一样的折射率，于是就知道了玻璃的折射率。

实验室侦察

事实证明，化学是一种与犯罪做斗争的有力武器。作为一种现代分析方法，它甚至可以从最少量的化学物质中提取信息。例如，一个染料的样品可以从一件毛衣的一些纤维中提取出来，然后就可以对这个样品进行薄层套色分析。首先将染料溶解在某种溶剂中，然后将其铺在覆盖了特殊凝胶体的玻璃或塑料盘的边沿上，接着再将盘的边沿放置于一个溶剂槽中。槽中的溶剂通过毛细作用，渗透到凝胶体里，使之携带上染料里的化学物质。每种化学成分的渗透速度都不一样，因此染料的成分就会呈带状展开，形成各种不同的颜色带。

▲ 把一块布送到了法医的实验室后，工作人员先检查是否有身体流质的污渍。发现了这种污渍后，就将有污渍的布块剪下来，并提取DNA。对于极小的样品，可以借助PCR（聚合酶链式反应）技术来增加它的数量，以获得充足的DNA，产生可见的DNA指纹。

大开眼界

每支枪都会走火

如果在离受害人很近的距离内开枪，热气流就会灼烧伤口周围的皮肤和衣服。如在很远的地方开枪，就不会有烧伤。但数以百计的细小炸药微粒会被“纹”在伤口周围的皮肤里。

然而，留下枪伤标记的并不只有受害人。随着枪响，烟尘、气体和炸药的微粒也从枪膛飞溅出来，黏附在开枪人的手上。这些化学物质可以被法医测试并检测出来，而那些微粒（如图）则可以在电子显微镜下观察到。

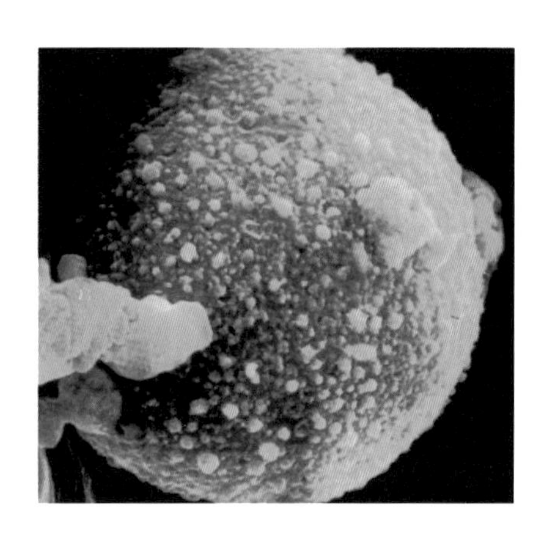

犯罪分子仓皇逃窜时，残留在现场门柱上的小块汽车油漆片，不但可以告诉警察汽车的颜色，还包括车的牌子和生产日期。因为不同的汽车，生产商使用的底漆、内漆、面漆的层数不同，使用的颜色和抛光方法也不同。有时候，只需要用简单的显微镜。如果不行，还可以对油漆样品进行发射光谱测定。在这个过程中，先将油漆碎片加热；接着，专用仪器通过油漆中的金属成分发射出的光的波长特征，把它鉴定出来。玻璃碎片也可以用同样的方法分析，例如犯罪现场的一个破掉的车头灯。

▼ 英国奥尔德玛斯顿内政部法医实验室里的这位科学家，正在使用“生物追踪”电脑来对比犯罪现场的DNA图谱与从疑犯身上取来的样品。

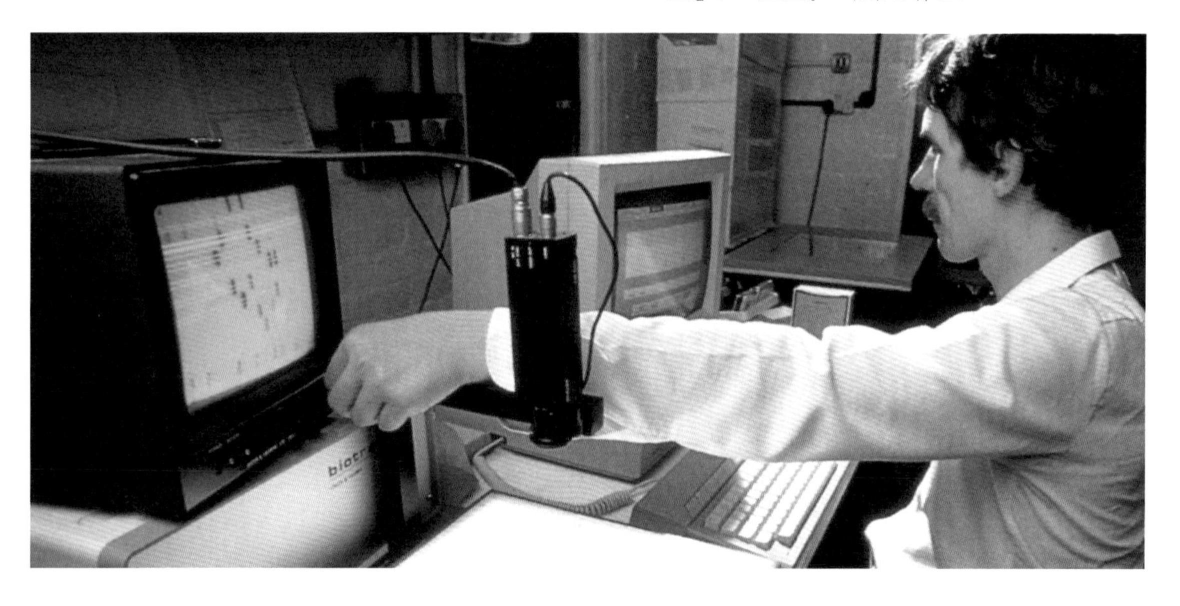

基因里的条形码

法医科学中最强大的工具之一就是基因指纹（也叫 DNA 指纹图谱），这是由亚历克·杰弗里在 1984 年发明的。他发现在一个染色体的基因之间，有一些由 DNA 碱基对组成的碎片，这些碱基对不带任何特殊的基因信息。这些基因中，超变量区域的长度不断改变，而两个不同的人，他们的基因不同，长度的碎片分布也完全不同。我们所需要的就是揭示它们的独特结构。由于使用了基因工程技术，现在，我们可以用酶来“切开”一个 DNA 样品。先将样品放在一个覆盖了特殊凝胶的玻璃盘边缘，然后往凝胶中通入电流，这使 DNA 碎片渗透到凝胶里，那些小而轻的要比大而重的碎片渗透得更远，最后会形成一个明暗有致的带状物，就像超市食品袋上的条形码。每个人的“条形码”都是独一无二的，而这是确定身份的完美方法。

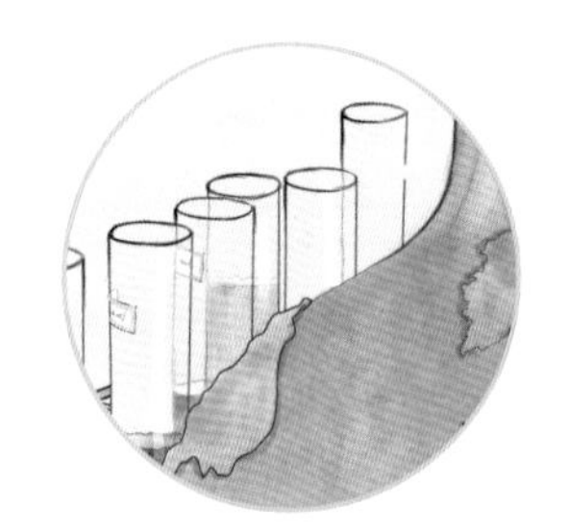